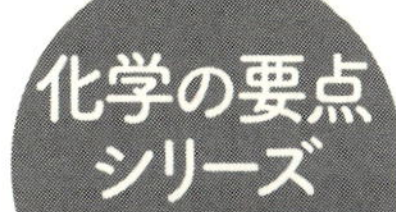

26

天然有機分子の構築

全合成の魅力

日本化学会［編］

中川昌子
有澤光弘［著］

共立出版

『化学の要点シリーズ』編集委員会

『化学の要点シリーズ』
発刊に際して

現在，我が国の大学教育は大きな節目を迎えている．近年の少子化傾向，大学進学率の上昇と連動して，各大学で学生の学力スペクトルが以前に比較して，大きく拡大していることが実感されている．これまでの「化学を専門とする学部学生」を対象にした大学教育の実態も大きく変貌しつつある．自主的な勉学を前提とし「背中を見せる」教育のみに依拠する時代は終焉しつつある．一方で，インターネット等の情報検索手段の普及により，比較的安易に学修すべき内容の一部を入手することが可能でありながらも，その実態は断片的，表層的な理解にとどまってしまい，本人の資質を十分に開花させるきっかけにはなりにくい事例が多くみられる．このような状況で，「適切な教科書」，適切な内容と適切な分量の「読み通せる教科書」が実は渇望されている．学修の志を立て，学問体系のひとつひとつを反芻しながら咀嚼し学術の基礎体力を形成する過程で，教科書の果たす役割はきわめて大きい．

例えば，それまでは部分的に理解が困難であった概念なども適切な教科書に出会うことによって，目から鱗が落ちるがごとく，急速に全体像を把握することが可能になることが多い．化学教科の中にあるそのような，多くの「要点」を発見，理解することを目的とするのが，本シリーズである．大学教育の現状を踏まえて，「化学を将来専門とする学部学生」を対象に学部教育と大学院教育の連結を踏まえ，徹底的な基礎概念の修得を目指した新しい『化学の要点シリーズ』を刊行する．なお，ここで言う「要点」とは，化学の中で最も重要な概念を指すというよりも，上述のような学修する際の「要点」を意味している．

本シリーズの特徴を下記に示す．

1）科目ごとに，修得のポイントとなる重要な項目・概念などをわかりやすく記述する．
2）「要点」を網羅するのではなく，理解に焦点を当てた記述をする．
3）「内容は高く」，「表現はできるだけやさしく」をモットーとする．
4）高校で必ずしも数式の取り扱いが得意ではなかった学生にも，基本概念の修得が可能となるよう，数式をできるだけ使用せずに解説する．
5）理解を補う「専門用語，具体例，関連する最先端の研究事例」などをコラムで解説し，第一線の研究者群が執筆にあたる．
6）視覚的に理解しやすい図，イラストなどをなるべく多く挿入する．

本シリーズが，読者にとって有意義な教科書となることを期待している．

はじめに

近年の複雑な天然有機分子の構築（天然物の合成）における際立った特徴は，その斬新かつ合理的な合成戦略にあるといえるであろう．一般に複雑な化合物を合成しようとするとき，まず目的にそった合成経路についてさまざまな角度から逆合成解析を行い，それによって考えられる経路はできるだけ単純で，一般化しうるものであることが望まれる．そしてもちろんのことであるが，実行に移しうる反応の裏づけがなければならない．しかし，往々にしてすでに知られている反応にのみ頼ったのでは適切な経路のデザインが困難なことが多い．そのときは新たに目的に沿った新しい反応を開拓する必要がある．この本は主として有機化学の基礎をすでに学んだ学部学生諸君や大学院生が天然物合成について興味をもつようになることを期待し，いくつかの歴史的な天然物合成例からなる入門書を意図して書き下ろした．今日の天然物合成の研究には目を見張るものがある．これら最前線の研究についてはすでに多くの優れた成書がある．本書を読むことによって，今日までの天然物合成がいかに進展してきたのかその価値を知り理解が深まる一助になることを願っている．

本書ではいまや膨大な数にのぼる天然物全合成のなかから，エポックメイキングな合成（独創的な全合成）のいくつかを取り上げる．天然物の構造決定，とくに絶対構造の確証，すなわち，立体特異的あるいは立体選択的（p.9 の用語解説参照）に合成した化合物が天然物と同一であることを明らかにすることにより，初めて天然物の絶対構造を確証する．天才 R. B. Woodward は 20 世紀中盤の有機化学界を一人で牽引してきたといっても過言ではないであろう．のちに述べるように，非常に多くの天然物がWoodwardによって全合成されている．いずれも緻密な合成計画や戦略に基づいており，それぞれ新しい反応や方法論を含んでいる．その合成は芸術的な美しさを感じさせるとさえいわれている．

本書ではまず序章で天然物合成の歴史を，第1章でWoodwardの数々の天然物全合成のなかから，多数の不斉点をもつレセルピンの全合成を取り上げ，それらの不斉点をいかに完全に制御し，立体選択的に合成したのかWoodwardの考案した新しい概念（立体選択的合成）を学ぶことにする．今日では当たり前のように思われている概念であるが．

続く第2章では現代の合成化学においては不可欠なE. J. Coreyによる逆合成解析について方法論の概略を学び，簡単な天然物合成例を紹介する．その後の天然物合成がいかに進展してきたのかを見るのに，今や膨大な天然物合成例からいくつかを選択するのは容易ではない．そこで第3章ではインドールアルカロイドのストリキニーネを取り上げ，その全合成の変遷を眺めることによって，全合成という学問の歴史と進歩を俯瞰することにしよう．新反応の開発がいかに天然物の全合成に反映されているか，とくに20世紀後半に爆発的な進展をみせた有機金属反応がいかに巧みに全合成に導入されたのか，いくつかの例を紹介する．

第4章では天然物全合成がいかに医薬品創製に重要でありかつ貢献してきたのかを述べたい．今や新しい医薬品を開発し世に送り出すためには，膨大な経費と長い年月を要する．近年日本発の大型医薬品は次々と特許切れになり，その多くがジェネリック医薬品に置き換わりつつある．またワクチンや抗体医薬品など海外発の医薬品輸入が増え，日本の医薬品産業は輸入超過の状況にあるといわれている．しかし，このように時代が変わっても，生物活性化合物を合成する価値は変わらない．

なお，本書では構造式中の ┋ および ▌ は相対構造を， ┋ および ▼ は絶対構造を示す．

本書を読んで天然有機分子合成（構築）の意義と重要性さらには面白さの一端を知り，生命科学研究に興味をもち関わってみたいと思われることを願っている．天然物の合成は膨大な数となっている今日では，すべてを網羅することは本書では限りがある．さらに詳しく知りたい方々は以下の文献を参考にしていただきたい．

大倉一郎ほか，『天然有機化合物の全合成』，日本化学会 編，化学同人（2018）．

田中克典，現代化学，**10**，34–39（2017）．

井澤邦輔，林 雄二郎，福山 透，『医薬品の合成戦略』，有機合成化学協会 編，化学同人（2015）．

目　次

コラム目次

序章

天然有機分子構築の歴史

近代の天然物化学は18世紀後半にヨーロッパで始まったといえる．スウェーデンの化学者・薬学者C. W. Scheeleは，酒石酸（ブドウ），リンゴ酸（リンゴ），クエン酸（レモン），乳酸（牛乳）など多数の有機酸や尿酸（尿）を結晶としてとりだした．19世紀に入った1806年には，ドイツの薬剤師F. W. Serturnerが阿片（アヘン）から塩基性物質をとりだして結晶化に成功し，モルヒネ(morphine）と名づけた．その平面構造が明らかにされたのは120年後のことであり，絶対配置が決定されるまでには約150年を要した．このようにモルヒネの化学構造が明らかにされたことは薬用植物の作用の本体が化学物質であることを明らかにした歴史的に重要なできごとの一つであり，その後，薬の化学的な研究に大きな道を拓いたのである．当時はまだ構造解析の手段は十分発達していない時代であったので，純粋に単離された天然有機分子（天然物）の構造を推定し，その推定された化合物を合成し，天然物と比較することによって構造を決定した．したがって，合成は天然物の構造を最終的に決定する重要な手段であった．同時に天然物の全合成を達成するためには既知の反応に頼るだけでなく，革新的かつ独創的な合成概念や方法論を開発するべき必然性があった．このことがその後の有機化学，とくに反応と合成化学の発展に大きく寄与してきた．

現在でもなおいっそう天然物の全合成は重要である．なぜなら天然物の構造決定の手段が発達した今日でさえも，正しい構造を決定できないことがあるからである．たとえば，天然物の活性を示す複数の異性体のなかで，正しい立体異性体の構造を決定し，かつ異性体のなかでどれが最強の生物活性を示す異性体であるかを決定するには，最終的に全合成して比較することが必要不可欠な場合がある．

また，天然物の全合成の重要性は複雑な構造をもつ超微量天然物の単離と構造決定が近年可能になったこと，さらには自然環境破壊を避けるため天然資源の大量採取が困難になっていることにもある．そのために超微量天然物を人工的に合成し量的確保ができると，最終的な構造の実証あるいは構造の修正ができるのみならず，その新天然物の物理的・化学的性質や生物活性についての詳細な検討が可能になり，種々の学術的価値や医薬学的価値がもたらされる．一方，近年ではむしろ新しい反応を開発したとき，その有効性を示す例として，またさらに改善，発展させるための舞台として天然物の全合成が役立っている．

モルヒネの全合成は，単離されて以来実に1世紀半後の1955年にM. Gatesによってはじめて達成され，最終的にその構造が確かめられた [1]．モルヒネの単離を契機に天然物の成分研究が盛んになり，ホミカからストリキニーネ（strychnine）（1817年）（第3章参照），キナ皮からキニーネ（キニン，quinine）（1820年）[2]，コカからコカイン（cocaine）（1860年），そして長井長義により生薬の麻黄からエフェドリン（ephedrine）（1887年）が単離され，構造が決定された（図0.1）．

その後20世紀中頃までに多くの天然物の構造が決定された．これに呼応して複雑な構造をもちかつ顕著な生物活性を有する天然物

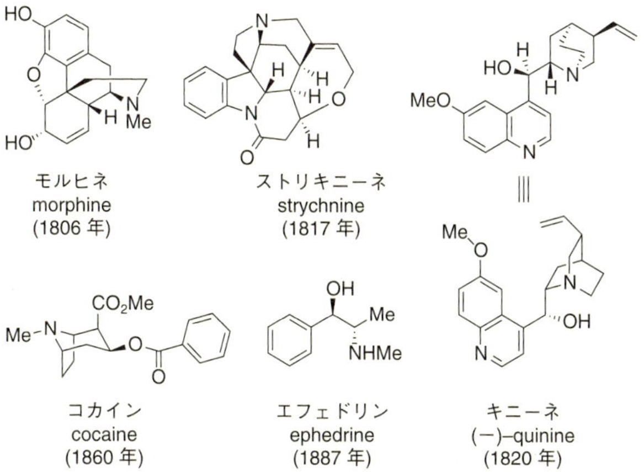

モルヒネ
morphine
(1806 年)

ストリキニーネ
strychnine
(1817 年)

コカイン
cocaine
(1860 年)

エフェドリン
ephedrine
(1887 年)

キニーネ
(−)–quinine
(1820 年)

図 0.1　成分研究の初期に構造が決定された天然物

の合成研究が 1950 年代の半ば頃から徐々に進展をみせ，歴史に残る注目すべき成果が発表された．その代表的な例は，1944 年の歴史的偉業と讃えられた R. B. Woodward（p.5, コラム 1 参照）が 27 歳で達成したキニーネの全合成である．1950 年以降にはコレステロール（cholesterol）（1951 年），コルチゾン（cortisone）（1951 年），ストリキニーネ（1954 年），リゼルギン酸（lysergic acid）（1956 年）およびレセルピン（1956 年，図 0.2a），クロロフィル a（chlorophyll a）（1960 年），コルヒチン（colchicine）（1961 年）など多くの天然物が Woodward らによって全合成され，まさに **Woodward の時代**（Woodwardian era）を築いた．これらの優れた業績に触発されて，多種多様の天然物合成を志す多くの俊英がこの分野の研究に没入していった．なかでも Woodward らと A. Eschenmoser らによるビタミン B_{12}（vitamin B_{12}）全合成（1973 年，図 0.2 b）の成功は有機化学の歴史に残る偉業で，化学者に大きな衝撃を

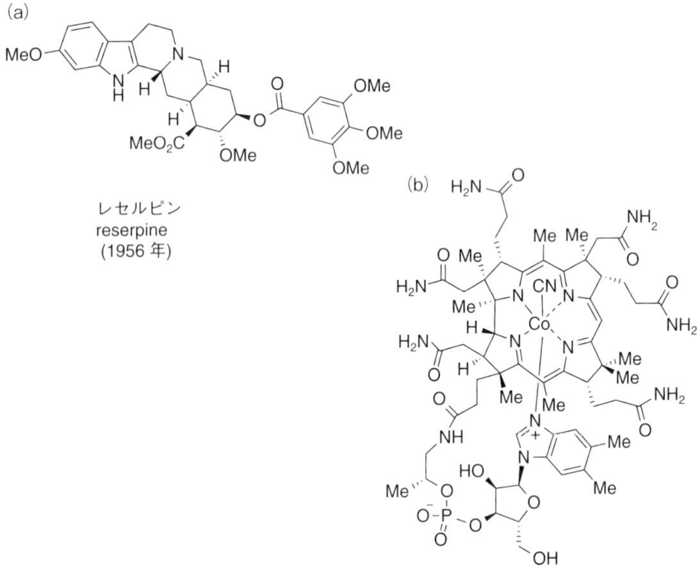

(a)

レセルピン
reserpine
(1956 年)

(b)

ビタミン B_{12}
vitamin B_{12}
(1973 年)

図 0.2　レセルピン(a)とビタミン B_{12}(b)の構造

与え，かつ全合成の素晴らしさを示した．しかし同時にどんなに複雑な天然物の全合成もよほどの知識と計画，そして人と時間と金があれば合成することが可能であると，有機化学者たちに確信させた．しかしながら，また一方では複雑な天然物の全合成はよほどの天才でなければとても達成できない難しい研究領域であるとの印象も強くしたのである．

そのような時代，1970 年代に入り E. J. Corey（p.28, コラム 4 参照）は有機合成においてより効率的な合成計画を立案するために非常に有効な手段として**逆合成解析**（retrosynthetic analysis）という合理的な方法論をはじめて提唱した．これは誰もが目的とする標的分子（target molecule：TM）を論理的にさかのぼり，原料にまでたどって可能な合成経路を導きだせる合成戦略である．この考え方はたちまち広く普及し，今や天然物のみならず有機化合物の合成戦略の基盤となっている．

1950 年代の半ばごろまでは現在のように優れた反応剤や反応経路なども知られておらず，複雑な系の合成研究に着手するには不屈の勇気を必要とした．しかし，この困難に挑戦し，未解決であったさまざまな問題点が次々と克服され，数多くの天然物全合成が達成されてきた．このような天然物合成研究の進展は，有機化学自体の学問領域に大きな影響を及ぼし有機化学の進歩をもたらした．その結果はふたたび天然物合成にフィードバックされ，合成研究の更なる発展を促している [2, 3]．

コラム 1

Robert Burns Woodward

ロバート・バーンズ・ウッドワード（1917～79）

元ハーバード大学教授．“20 世紀最大の有機化学者”と評価されている．16 歳でマサチューセッツ工科大学に入学，一度退学し，再入学して 19 歳で学士となり，20 歳で Ph D.を取得する．その後ハーバード大学に移り 1940 年に 23 歳で教授になった．さまざまな複雑な骨格をもつ天然物の化学合成など有機合成化学における業績で 1965 年にノーベル化学賞を受賞した．また，Roald Hoffmann とともにペリ環状反応の化学選択性を理解する法則，Woodward–Hoffmann 則（軌道対称性保存則ともよばれる）を提唱した．存命であれば，2 つ目のノーベル化学賞を受賞するのは確かであったとその早世が惜しまれている．

参考文献

[1] Gates, M., *J. Am. Chem. Soc.*, **74**, 1109–1110 (1952).

[2] 佐藤健太郎，現代化学，**7**，34–37 (2008).

[3] 大倉一郎ほか，『天然有機化合物の全合成』，日本化学会 編，化学同人 (2018).

第1章

レセルピンの全合成

レセルピン（reserpine）**1** は 1952 年に E. Schlittler により熱帯植物インドジャボクの根から単離・構造決定されたインドールアルカロイドである．この物質は血圧降下や鎮静作用など医学的に重要な作用をもっており，現在でも精神安定薬，血圧降下薬として用いられている．当時は現在のように構造決定に必要な解析手段がなかったにもかかわらず，その発見以来 1955 年に至るわずか 3 年間に，その平面構造，および立体構造のみならず，その絶対配置（p.18，コラム 2 参照）も旋光度法などによって明らかにされた [1]．そして 1956 年には R. B. Woodward（p.5，コラム 1 参照）によるレセルピンの初の全合成が発表され，衝撃を与えた [2]．

レセルピン **1** には，6 個の不斉炭素（キラル中心）が含まれているので，この分子には 2^6 個，すなわち 64 個の立体異性体があり，したがって 34 種のラセミ体が存在する可能性がある．このような多数の不斉炭素をもつ化合物のなかでたった一つの立体異性体のみを合成する方法，すなわち立体化学をいかにして制御するかについての方法は，当時まだほとんど知られていなかった．Woodward の合成の特筆されるべき点は“立体選択的合成”（用語解説参照）という概念を導入したことである．

まず図 1.1 に Woodward のレセルピン（ラセミ体）全合成の主要な点を示す．本合成における卓越した戦略は，早期に E 環に存在

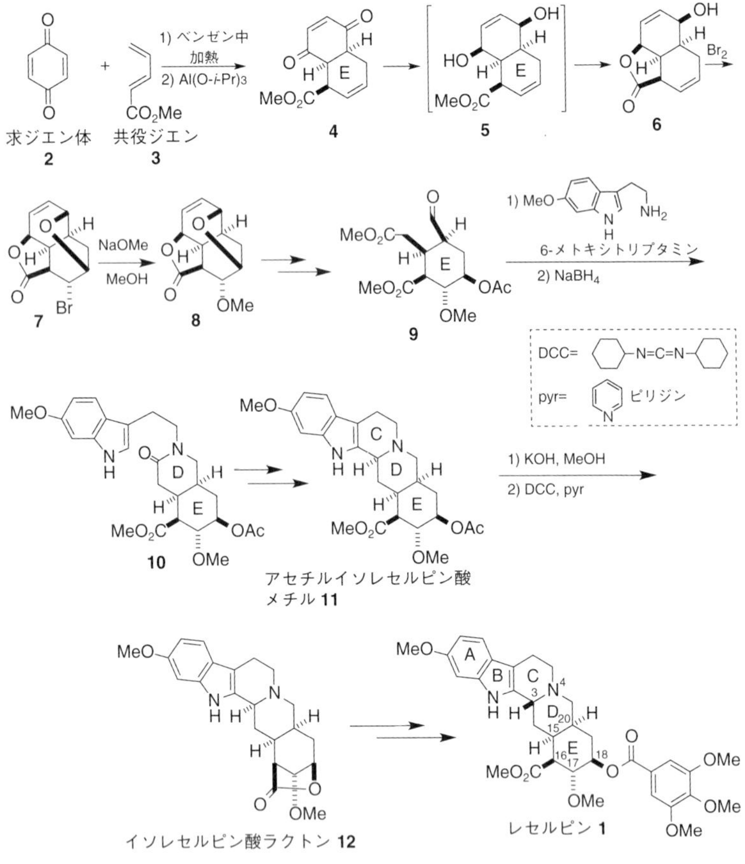

図 1.1　Woodward による(±)-レセルピン **1** の全合成

する5つのキラル中心 C15, C16, C17, C18, C20 を完全に制御した鍵中間体 **9** を合成したことである．次いで **9** よりイソレセルピン酸誘導体 **12** に導き，最後に **12** の C3 位の異性化を経てレセルピン

用語解説

立体選択的反応（stereoselective reaction）

生成物中に不斉炭素や炭素–炭素二重結合が生ずる反応において，一方の立体異性体が他方のものより優先して多く生成するならば，その反応は立体選択的反応である．つまり，その反応では特定の立体異性体が選択的に生成する．特定の立体異性体を優先して生じる程度は反応によって異なる．

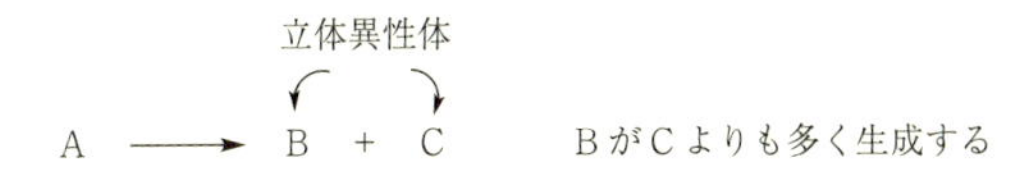

立体特異的反応（stereospecific reaction）

立体異性体の関係にある各反応物（A, C）が生成物として異なる立体異性体（B, D）のみを生ずるとき，その反応は立体特異的な反応である．

立体異性体 { A ⟶ B, C ⟶ D } 立体異性体

(±)-**1** に導く合成経路である．

それではどのようにしてE環に必要なすべての置換基を有する鍵中間体，**9** を合成したのかをみてみよう．キニーネの全合成以来用いられた，まず「余分な環をつくることにより立体化学を制御する」という手法である．そこで出発物，*p*–ベンゾキノン **2** をベンゼン中でメチルビニルアクリル酸エステル **3** と加熱すると反応は立体特異的（用語解説参照）に進行し，六員環が2つ融合した二環性化合物 **4** が生成した．この反応は求ジエン体（電子不足なアルケン）*p*–ベンゾキノン **2** と共役ジエン **3** で六員環をつくる Diels–Alder 反応（コラム3）である．Diels–Alder 反応はいろいろな官能

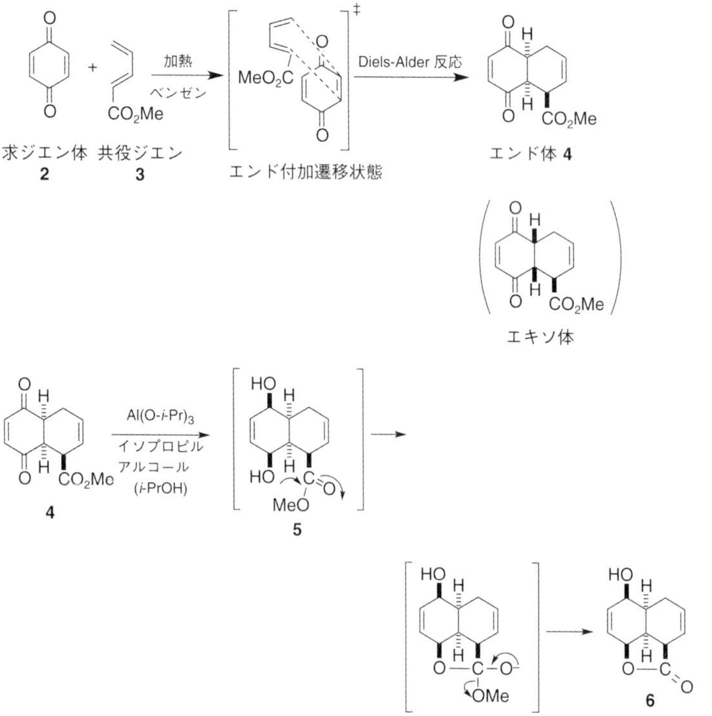

図 1.2　Diels–Alder 反応による二環性中間体の合成

基をもつ六員環を，その立体化学を制御しながらつくるときに，最もよく用いられる有用な反応の一つである．すなわち，*s*–シス形（*s* は単結合，single bond の略，単結合に対して2つの二重結合がシス配座をとる）の共役ジエン **3** と求ジエン体の重なり方がエンド付加で優位に進行するので，エンド体 **4** が得られる．

次いで **4** をイソプロピルアルコール中でアルミニウムイソプロポキシド Al(O–*i*–Pr)$_3$ と加熱すると2つのカルボニルが立体的によ

用語解説

コンベックス–コンケーブ則（convex–concave rule）

臭素がなぜラクトン**6**の紙面下側から二重結合を求電子攻撃するのか．その理由はラクトン**6**は図のように“おわん形構造”をとっていることにある．したがって求電子剤や求核剤はおわんの内側（コンケーブ凹面）よりも，より立体的に空いている外側から攻撃するために，つねに外側（コンベックス凸面）から付加することになる．つまり臭素は**6**に対してコンベックス側（紙面の下側）から付加することになる．同じように中間体**15**へのMeO基の付加も立体的により障害のないコンベックス側（紙面の下側）から付加するために，E環に対して天然物と同じ立体配置をもったMeO基が導入される（図1.5参照）．これをコンベックス–コンケーブ則という．

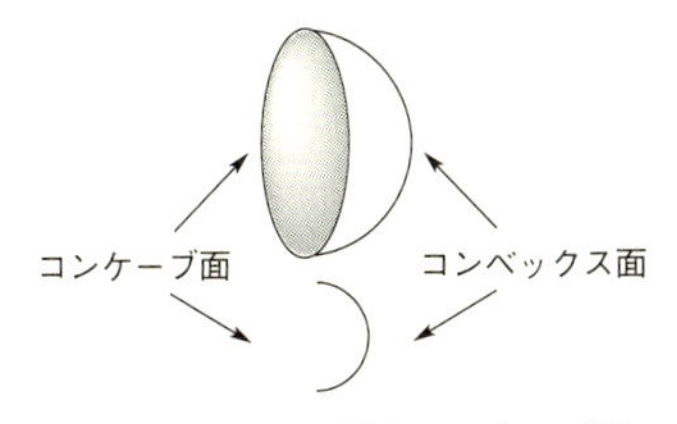

図　コンベックス面とコンケーブ面

り空いている紙面の下側（コンベックス面，用語解説）からアルコールに還元されてジヒドロキシ体**5**になるが，そのうちの一つのヒドロキシ基は近傍のエステルと反応して環化し，ラクトンアルコール**6**になる（図1.2）．

エンド付加体**4**はすでに**1**のE環のC16位に必要なメチルエステル基をもち，Diels–Alder反応によって3つの立体中心（相対配置）が決まり，レセルピンのD/E環のシス縮環をつくるための用意ができた化合物である．

次は二重結合をE環のC17位とC18位に存在するMeO基，AcO

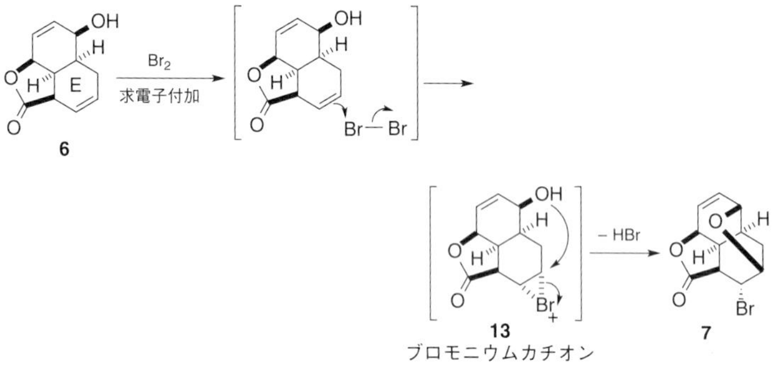

図 1.3　ブロモエーテル **7** の合成

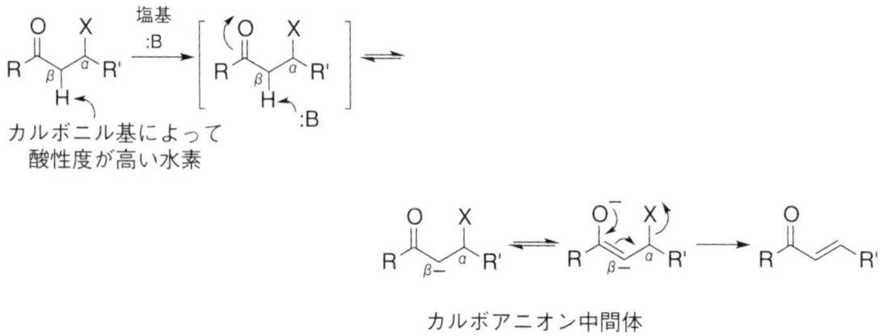

図 1.4　E1cB 脱離の機構

基に立体化学も含めて変換しなければならない．このために，**6** と求電子剤 Br_2 が反応すると立体的により空いたコンベックス面から Br_2 が攻撃してブロモニウムカチオン **13** が生成する．しかし **13** は分子内近傍にあるヒドロキシ基によってただちに分子内 S_N2 型攻撃をうけ，ブロモエーテル **7** に変わる（図 1.3）．

次にブロモ体 **7** を塩基（NaOMe）で処理するとメトキシ体 **8** が得られる（図 1.1）が，メトキシ基の立体化学はブロモ体 **6** の逆ではなく同じである．このことは，**8** はメトキシ基による S_N2 求核置

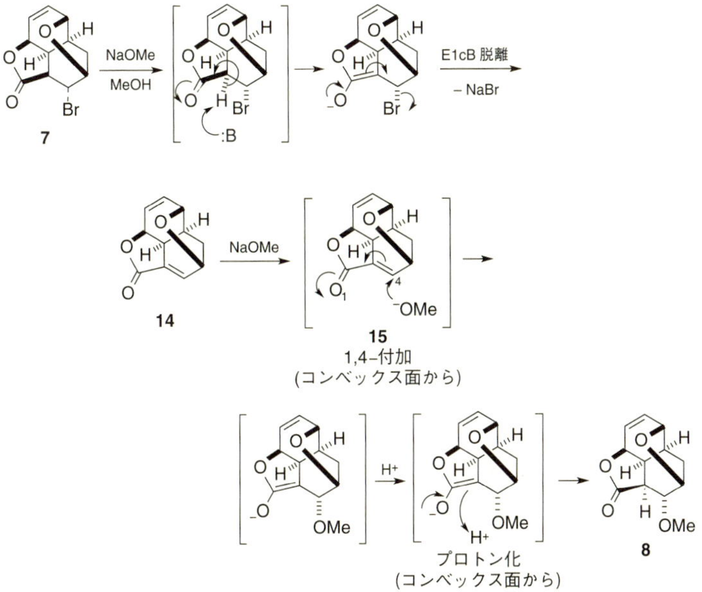

図 1.5　E1cB 脱離と 1,4–付加

換反応によって生成したものではなく，図 1.4 に示す E1cB 脱離–付加反応で進行したものと考えられる．すなわち，強い塩基である NaOMe によって **7** のカルボニル基に隣接する酸性度の高いプロトンが引き抜かれ，続いてブロモ基の脱離によりエノン **14** が生成し（図 1.5），これに NaOMe が立体的に空いているコンベックス側から 1,4–付加（共役付加または Michael 付加）して **8** が得られたと考えられる．

この重要な中間体，ラクトンエーテル **8** の二重結合を酸化的に開裂するとキラル中心のすべての立体化学がレセルピンの E 環と同じである鍵中間体 **9** が生成することになる（図 1.6）．

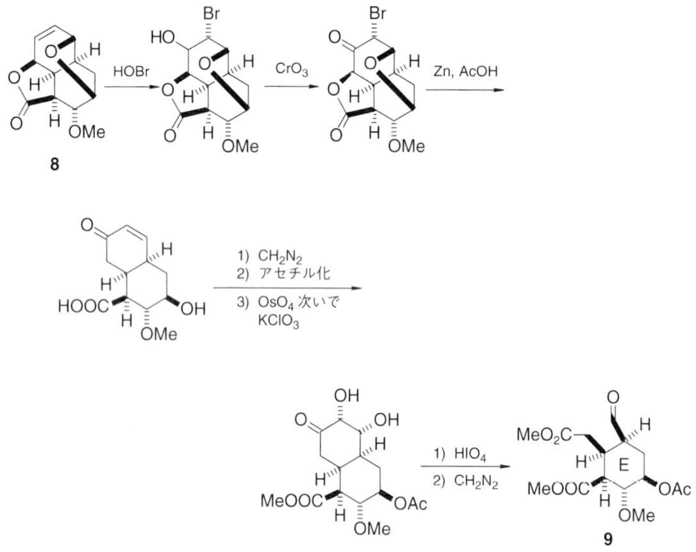

図 1.6　ラクトンエーテル **8** からアルデヒド酸エステル **9** への変換

次はレセルピンのトリプタミン部位とアルデヒド **9** とを結合させる段階である（図 1.7）．まずアルデヒド **9** と 6−メトキシトリプタミンが反応するとイミン **16** が生成する．この C＝N 二重結合を $NaBH_4$ で還元するとアミン **17** になるが，分子内に隣接するエステルがあるためにそれと反応し一挙にラクタム **10** が生成する．次は C, D 環を構築するために，**10** をオキシ塩化リンで処理し，生成する第四級カチオン **18** を $NaBH_4$ で還元すると A, B, C, D, E からなる五環性化合物，アセチルイソレセルピン酸メチル **11** が得られる．これは C3 位の立体配置のみがレセルピンとは逆の立体化学であるが，それをのぞいてはレセルピンの 5 つの環が構築されたことになる．

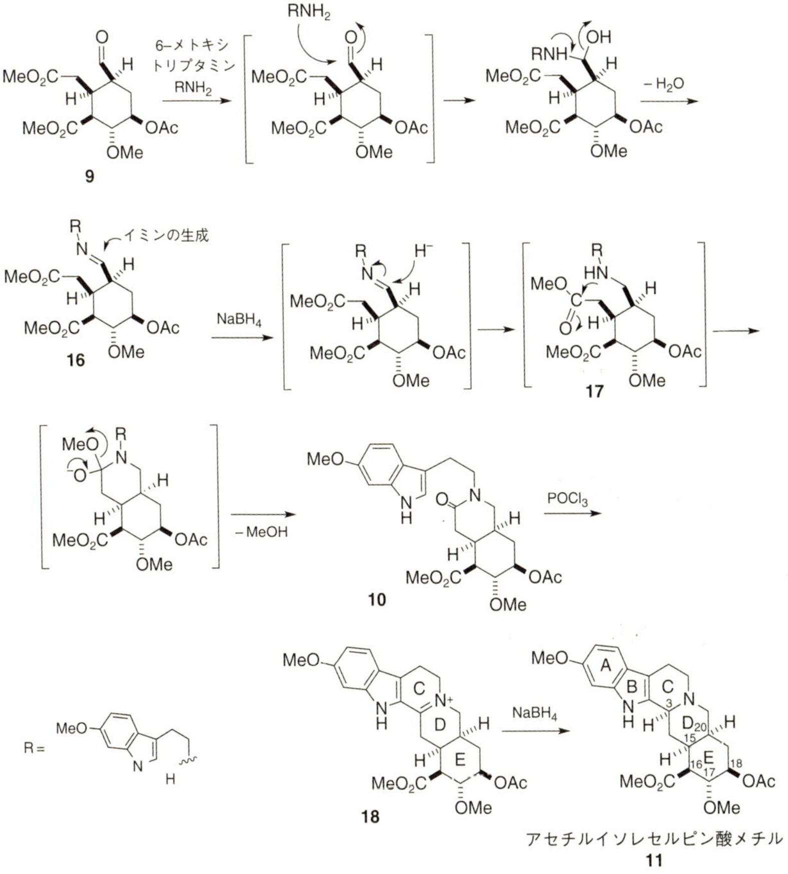

図 1.7　アセチルイソレセルピン酸メチルエステルの合成

全合成完結までに，残るはあと C3 位の立体化学を反転することと，C18 位を 3,4,5–トリメトキシベンゾイルエステルにすることだけである．

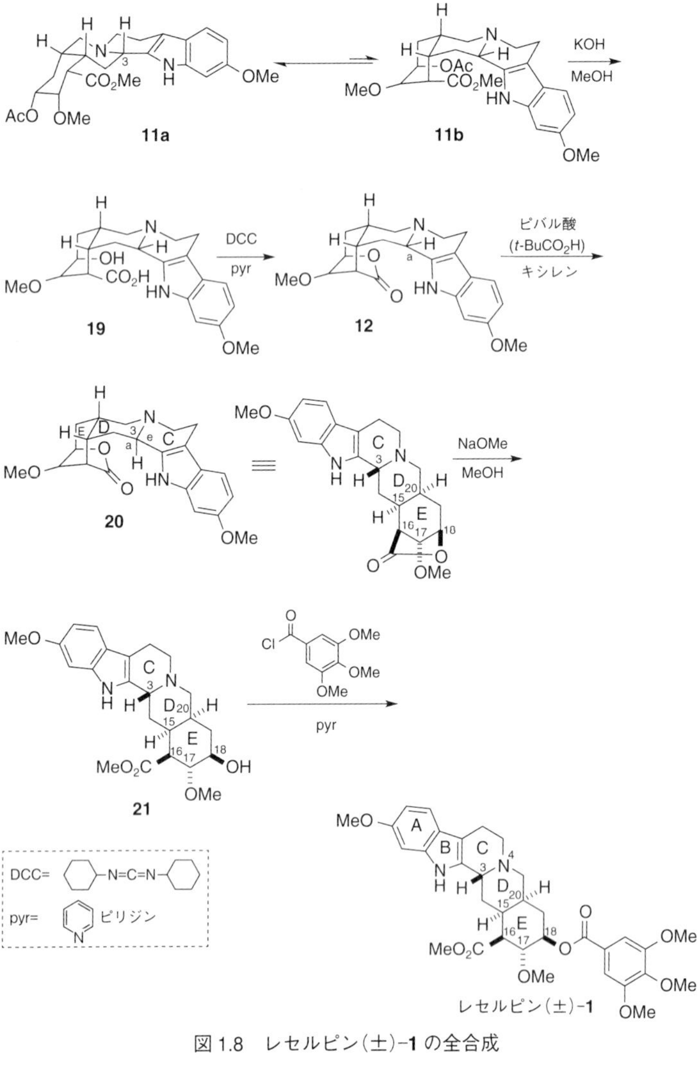

図 1.8　レセルピン(±)-1 の全合成

アセチルイソレセルピン酸メチル**11**は熱力学的には，E環の3つの置換基がエクアトリアル（equatorial）である立体配座異性体（コンホーマー）**11a**が，C16位とC18位の置換基がともにアキシアル（axial）であるコンホーマー**11b**よりも安定である（図1.8）．そこでC3位のエピメリ化を行うために，まず**11**のエステルとアセチル基をアルカリ加水分解してカルボン酸アルコール（イソレセルビン酸）**19**に導いた．これにジシクロヘキシルカルボジイミド（DCC）を作用させると（両置換基が隣接しているコンホーマー**11b**より1分子の水を失い）分子内エステル化して，ラクトン**12**になる．ラクトン**12**の生成は**11**を不安定形コンホメーション**11b**型に固定したことになる．そこでラクトン**12**をキシレン中ピバル酸と加熱すると，ほぼ定量的にC3位のエピメリ化が起こり，立体が反転したラクトン**20**が生成する．最後に**20**をメタノール中NaOMeで開環しレセルピン酸メチル**21**とした後，C18位のヒドロ

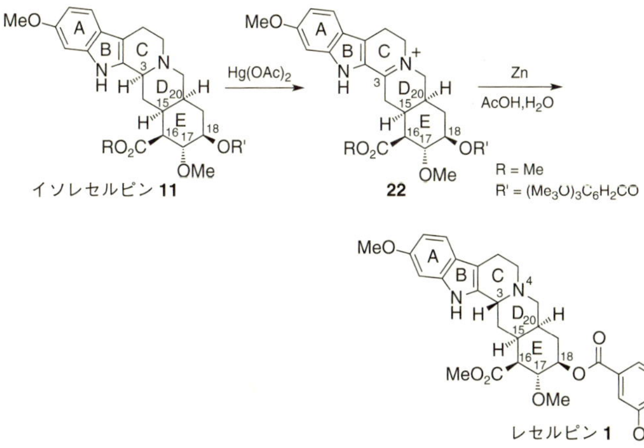

図1.9　C3位水素のエピメリ化

キシ基を塩化3,4,5-トリメトキシベンゾイルと反応させエステル化すると目的の（±)-レセルピン **1** の全合成が完成した [2].

その後 F. L. Weisenborn らはラクトンを経由せずにイソレセルピンから直接レセルピンを得る方法を開発した．すなわちイソレセルピン **11** を酢酸水銀によって脱水素し C3-デヒドロ体 **22** とした後，亜鉛-酢酸で還元すると C3-Hβ 化合物，すなわちレセルピン **1** が得られることを明らかにした（図1.9）[3]．この方法によって Woodward らの全合成の最後の段階はラクトンを経由する必要がなくなり，著しく短縮された．

参考文献

[1] (a) 毛利 駿，田北春世，総説，化学の領域，**11**(2)，59-65 (1957).
(b) 山﨑二葉，日本化学雑誌，**82**，72-78 (1961).
(c) 山口潤一郎，現代化学，**4**，64-69 (2011).

コラム2

レセルピンの絶対配置の決定

化学的手段による五環性インドールアルカロイド，レセルピン **1** およびヨヒンビン **2** の絶対配置はどのようにして決められたのか？

Woodward によるレセルピン合成は天然物の立体選択的全合成の最初の典型的な例である．そのため分子旋光度法による立体配置の妥当性とともに化学的に絶対配置を確立することの必要性があった．

迂遠な方法ではあるが，1961 年伴 義雄と米光 宰はレセルピン **1** を含む五環性インドールアルカロイドの絶対配置決定に，ヨヒンビン（yohimbine, **2**, 図2参照）およびレセルピンから誘導されるレセルピン酸メチルへの Prelog らの不斉合成法 [1] の応用と，ヨヒンビンを絶対配置既知の (*R*)-(+)-グリセルアルデヒドと関連づけられているジヒドロコリナンテアン **15**（図3参照）

（d）伴 義雄，化学，**34**，98–104（1979）.
[2]（a）Woodward, R. B., Bader, F. E., Bickel, H., Frey, A. J., Kierstead, R. W., *J. Am. Chem. Soc*., **78**, 2023–2025（1956）.
（b）*Idem*, *Tetrahedron*, **2**, 1–57（1958）.
[3] Weisenborn, F. L. , Diassi , P. A., *J. Am. Chem. Soc*., **78**, 2022–2023（1956）.

練習問題

問1　レセルピン酸メチル**21**をピリジン存在下に塩化3, 4, 5–トリメトキシベンゾイルと反応させると，目的のレセルピン**1**が生成する．反応機構を説明せよ．

問2　カルボン酸**19**をピリジン存在下DCCと反応させると，ラクトン体**12**が得られる．反応機構を説明せよ．

問3　この全合成で得られたレセルピン**1**は（±)–レセルピン，すなわちラセミ体である．その理由を述べよ．

へ化学的に変換することにより検証し，同定の結果ヨヒンビンの絶対配置は表記**2**であることを確実にした．またヨヒンビンはすでに化学的にレセルピンと関連づけられているために，併せてレセルピンの絶対配置も化学的に**1**であることが立証された [2].

1．Prelogの不斉合成法による絶対配置の決定

光学活性アルコール**3**の置換基を図1のようにその式量からL（大），M（中），S（小）とすると，そのグリオキシル酸フェニルエステルは**4**の立体配座をとると考えられる．これに空間的要求の大きなGrignard反応剤（MeMgI）を作用させると，反応剤はL側よりもM側から近づく確率が高く，その結果，得られたヒドロキシエステル**5**を加水分解すると，(*S*)–(+)–アトロラクチン酸**6**が優先して生成する．同じく**3**と鏡像関係にあるアルコール**7**からは，同

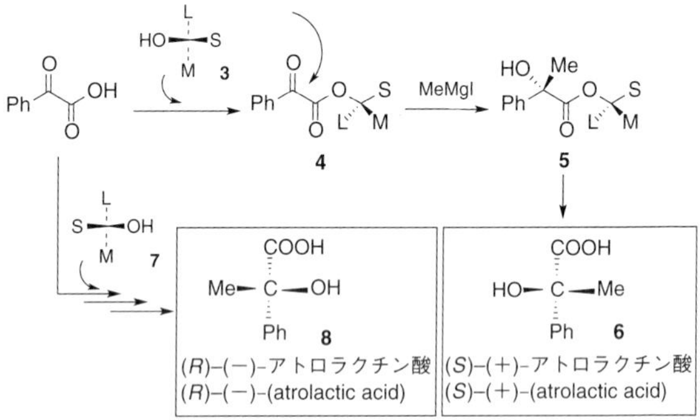

図1　Prelog 則

様の反応により（*R*)-(−)-アトロラクチン酸**8**を多く生成することになる．したがって得られたアトロラクチン酸の［α]D 値の符号から，元のアルコールの配置を知ることができる［1］.

ヨヒンビン**2**およびレセルピン**1**から誘導されるレセルピン酸メチル**11**はともにこの反応を利用しうるOH基を有している．すなわちヨヒンビンのC16位の置換基をL，C18位の置換基をM，C17位の水素をSとし**9**をMeMgIと反応させたのちに加水分解したならば，生成するアトロラクチン酸の旋光度の符号は正に偏ることが予想される．同様にしてレセルピン酸メチル**11**からは得られるアトロラクチン酸の旋光度は負に偏るだろう．実験結果は予想どおりヨヒンビンから誘導されるアトロラクチン酸は正の値を示し，レセルピン酸メチルから誘導されるアトロラクチン酸は負の値を示した．これによりヨヒンビンおよびレセルピンの絶対配置はそれぞれ**2**および**1**であることが確実となった（図2）［2］.

2．化学的手法による1および2の絶対配置決定

キナアルカロイドのシンコニン**14**（R＝H）はキニーネ（キニン）**15**（R＝MeO）と，またキニーネ**15**は（*R*)-(＋)-グリセルアルデヒド**17**と化学的に関連づけられており，それぞれの絶対配置は図3に示すように確定しているヨヒンビン 2 → (PhCOCO$_2$H) → 9 → (MeMgI) → 10 → (S)-(+)-アトロラクチン酸 6

レセルピン 1 → レセルピン酸メチル 11 (methyl reserpate) → (R)-(−)-アトロラクチン酸 8

図2　Prelog 則によるヨヒンビン，レセルピン類の絶対配置

[3]．一方，シンコニンの C3 位，C4 位の配置と **13** の C20 位，C15 位の配置が同じであることも関連づけられており，それぞれの絶対配置は図3のごとく確定している．それゆえに，ヨヒンビン **2** を化学的にジヒドロコリナンテアン **13** へ導くことができれば，**2** の絶対配置は化学的に決定されることになる．

そこでまずヨヒンビン **2** をヨヒンボン **12** に誘導後，E 環を開裂し，数工程

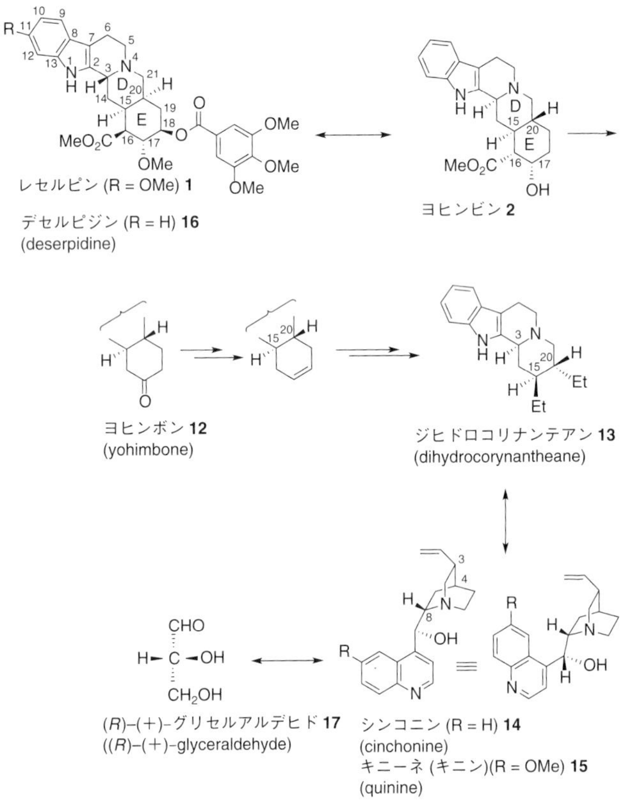

レセルピン (R = OMe) **1**

デセルピジン (R = H) **16**
(deserpidine)

ヨヒンビン **2**

ヨヒンボン **12**
(yohimbone)

ジヒドロコリナンテアン **13**
(dihydrocorynantheane)

(*R*)-(+)-グリセルアルデヒド **17**
((*R*)-(+)-glyceraldehyde)

シンコニン (R = H) **14**
(cinchonine)
キニーネ (キニン)(R = OMe) **15**
(quinine)

図3　化学的手法によるヨヒンビン，レセルピン類の絶対配置

を経てジヒドロコリナンテアン **13** に導いた．このようにして得られた **13** はシンコニン **14** から得られた標品と完全に一致した．以上より **2** の E 環の C15 位と C20 位の絶対配置が決定した［2］．さらに，D/E 環がシスのレセルピン **1** はデセルピジン **16** と，また **16** は **2** と化学的に関連づけられているので，**1** の絶対配置も図 3 で示されることが確実になった．なお，C3 位の絶対配置はすでに分子旋光度法を基盤として化学的に確立しているので［2c］，これらの結果は広範な五環性インドールアルカロイド群の絶対配置の決定を包含している．

［1］Prelog, V., *Helv. Chim. Acta.*, **36**, 308–319（1953）.

［2］（a）Ban, Y., Yonemitsu, O., *Chem. Ind.*（*London*）, **1961**, 948–949.

（b）*Idem*, *Tetrahedon*, **20**, 2877–2884（1964）.

（c）伴 義雄，化学の領域，**18**(4)，277–305（1964）.

［3］（a）Ochiai, E., Ishikawa, M., *Chem. Pharm. Bull.*, **6**, 208–213（1958）.

（b）*Idem*, *ibid.*, **7**, 386–389（1959）.

（元 田辺製薬（株）有機化学研究所副所長　佐藤泰彦）

コラム3

Diels–Alder 反応

共役ジエンが求ジエン体と反応して六員環を形成する強力な合成反応である．[4+2]環化付加ともよばれ，4π 電子系の共役ジエンと 2π 電子系のアルケン（アルキン）の間に協奏的に起こるペリ環状電子反応である．すなわち電子の移動が六員環遷移状態を経由して進行する．一般に求ジエン体にはカルボニル基やシアノ基のような電子求引基があると，また共役ジエンには電子供与基があると，反応は速くなる．図1に示すエチレンと1,3–ブタジエン（共役ジエン）の分子軌道をみると，基底状態での1,3–ブタジエンのHOMO（ψ_2）とエチレン（アルケン）のLUMO（ψ_2）の対称性が一致することから熱的に反応が進む．この場合には共役ジエンからアルケンへ電子が流れると考える場合が一般的である．なお共役ジエンのLUMO（ψ_3）とエチレンのHOMO（ψ_1）の対称性が一致するので逆の電子の流れも考えられるが，前者を考える場合が一般的である．また立体障害になるような置換基が置換されていないときには，

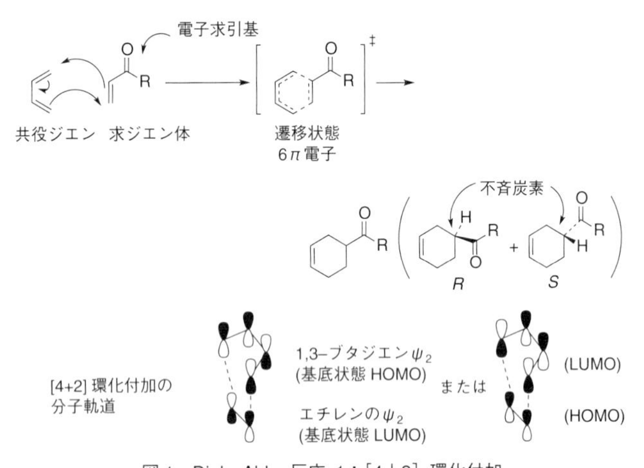

図1　Diels–Alder 反応–1：[4＋2] 環化付加

共役ジエンとアルケンの分子軌道相互作用は共役ジエンの α 側と β 側からのアプローチが可能であるので，生成物はラセミ体になる．

Diels–Alder 反応によって生成物中に不斉炭素ができる場合には，R と S のエナンチオマーが同じ量だけ生成する．すなわちラセミ体になる．反応はジエンと求ジエンの両方に関してシス付加である．そのために求ジエン体中の置換基がシスであれば，生成物中でもシスになり，求ジエン体中の置換基がトランスであれば，生成物中でもトランスになる（図 2）．このように生成した結合の立体化学は出発物の立体化学によって決まることを立体特異的な反応（用語解説参照）という．

同じシス付加でも，ジエンと求ジエン体の重なり方には 2 種類（エンド（endo）付加とエキソ（exo）付加）が考えられる（図 3）が，一般的にエンド付加の経路が優先し，エンド則（endo rule）とよばれる．

なぜエンド付加が優先するのか，図 3 でエンド付加体が得られる遷移状態を立体的に表した **I** をみると立体的に混んでおり，一見すると反応の進行が困難であるかのようにみえる．しかしカルボニル基の π 結合と生成する π 結合との間にもう一つの二次的な軌道の相互作用があり，これが反応の遷移状態を安定化するのに役立っており，反応を促進している．一方エキソ体を生成する遷移状態 **II** は立体的な障害はないが，二次的な軌道相互作用がない．そのために不可逆的な Diels–Alder 反応の場合には **I** の遷移状態がより安定化され，速度論的にはエンド体が優先して生成する．

COOH
CH_3
cis–求ジエン体
COOH
CH_3
HOOC
H_3C
cis–生成物
COOH
H_3C
trans–求ジエン体
COOH
CH_3
HOOC
H_3C
trans–生成物

図 2　Diels–Alder 反応：シス-トランス異性体

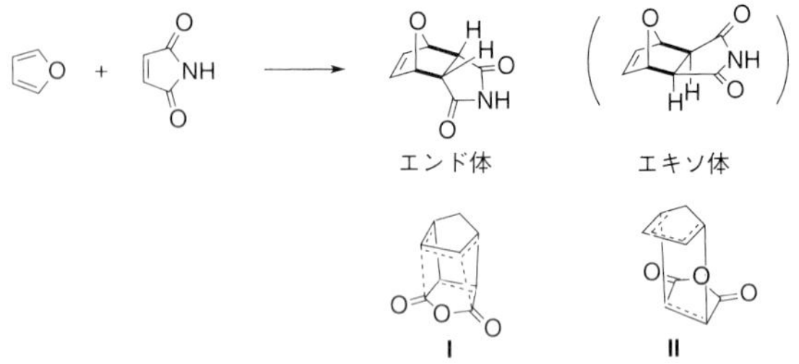

エンド体　エキソ体

I　II

図3　Diels–Alder 反応：エンド-エキソ付加

第2章

逆合成解析と天然物合成

2.1　はじめに

序章で述べたように，1970年代に入りE. J. Corey（コラム4）は，有機合成において効率的な合成計画を立案するための有効な手段として，**逆合成解析**という論理的な方法論を提唱した［1, 2］．この方法は**切断法**（disconnection approach）ともよばれる．逆合成解析（または切断法）は目的とする化合物を論理的にさかのぼり，原料にまでたどって可能な合成経路を導きだす方法論である．具体的には，実際の合成とは逆向きに頭の中で結合を切断（disconnection）し，官能基を効率のよい化学反応で他の官能基に変換することによって，標的分子（TM）を入手容易な出発原料にまで単純化する．入手容易な原料とは通常，炭素の数が5炭素あるいはそれ以下（芳香環は別として）で，せいぜい1個か2個の官能基を含むものである．それでは実際にはどのように標的化合物を逆合成解析し合成経路を見いだすのか，逆合成の原理をわかりやすく理解するために標的分子として簡単な第二級アルコール**1**を例にとって逆合成解析し，適切な合成経路を考えてみよう（図2.1）．通常答えは1つであることのほうが少なく，複数あるので，なるべく多くの合成経路を考えることが重要である．

第二級アルコール**1**の例では切断する炭素–炭素結合別に，2つ

コラム4

Elias James Corey

イライアス・ジェイムズ・コーリー（1928～）

ハーバード大学化学科教授（1959年～）．マサチューセッツ工科大学卒業（1948年）後，同大学から22歳で化学の博士号を取得（1951年）．イリノイ大学研究員を経て，1956年27歳で同大学の教授に昇進した．1959年にはハーバード大学教授になる．有機合成研究を専門とし，プロスタグランジン（PG）の化学合成の問題に取り組み，1968年に初めて天然型光学活性体の純粋合成に成功した．合成法はさらに改良され，初めて安定なサンプルの供給を可能にし，PG群の解明に著しい貢献を果たした．現在，PG群については，世界のメーカーのほとんどがCorey合成法を採用している．1990年，「有機合成理論および方法論の開発」，とくに逆合成解析［1,2］における功績で，ノーベル化学賞を受賞した．そのほかにも70以上の名誉ある受賞歴があり，その一例を次に記す．the U.S. National Medal of Science，テトラヘドロン賞（Tetrahedron Prize），日本国際賞（the Japan Prize in Science），the Priestley Medal of the American Chemical Society．現在the U.S. National Academy of Scienceおよびthe U.S. National Institute of Medicineの会員である．

［1］Corey, E. J., Cheng, X. -M., “The Logic of Chemical Synthesis”, Wiley（1995）．（丸岡啓二 訳，『コーリー 有機合成のコンセプト』，丸善出版（1997））．
［2］Corey, E. J., *Angew. Chem. Int. Ed. Engl.*, **30**, 455–465（1991）．

の逆合成「逆合成解析1」と「逆合成解析2」を示す．

2.2　1-フェニル1-ブタノールの逆合成解析

図2.1に示すように，まず1-フェニル1-ブタノール**1**のヒドロ

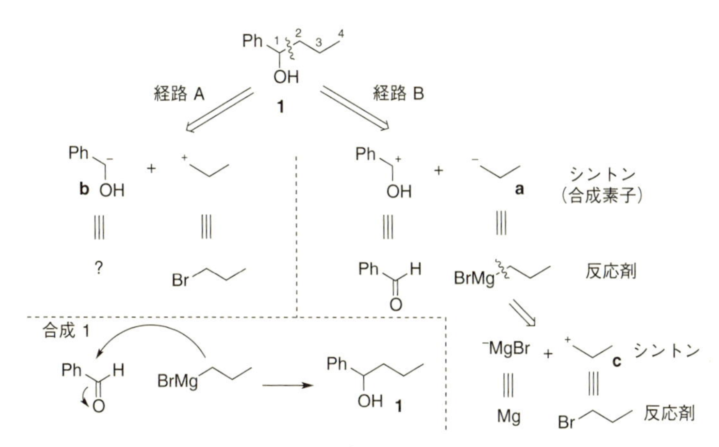

図 2.1　1-フェニル-1-ブタノール **1** の逆合成解析 1

キシ基が結合している炭素と，隣接する炭素の C−C 結合を切断してみよう．このとき切断した両端の原子の一方に正の電荷を，もう一方に負の電荷をおいてみる．

〰（または破線）の記号は結合の切断を表す．⇒（または ⇨）の記号（retrosynthetic arrow）は標的分子から逆向きに書いて逆合成段階を表し，**トランスフォーム**（transform）とよぶ．おもなトランスフォームは炭素-炭素結合の開裂と**官能基相互変換**（functional group interconversion：FGI，用語解説参照）である．結合の開裂によって電荷をもつ 1 対の成分（**シントン**，synthon）が生成する．シントンと等価でかつ入手容易な，実際の合成に使う合成等価体（synthetic equivalent）を反応剤（reagent）という．アルコール **1** の逆合成解析 1（図 2.1）では経路 B で得られるシントンは，ベンズアルデヒドと Grignard 反応剤に対応することが容易にわかる．しかし，経路 A に従って得られるシントン Ph$\bar{\text{C}}$HOH（**b**）の炭素上

用語解説

官能基相互変換：FGI（functional group interconversion）

ある官能基を別の官能基に変換する操作を表す．酸化反応や還元反応のように官能基を他の官能基に変換する操作を表し，逆合成過程の⇒の上に“FGI”をつけて示す．たとえば，アルデヒドは，アルコール，アルケン，ケトン，カルボン酸，カルボン酸誘導体，およびアミンに変換できる．

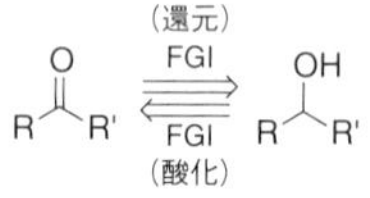

（還元）
FGI
O
R R'
OH
R R'
FGI
（酸化）

図　官能基相互変換

Ph
OH
1
経路 C
経路 D
Ph⁻ + ⁺ OH d
Ph⁺ + ⁻ OH e
シントン
PhMgBr
H O
?
?
反応剤
合成 2
PhMgBr H O → Ph OH

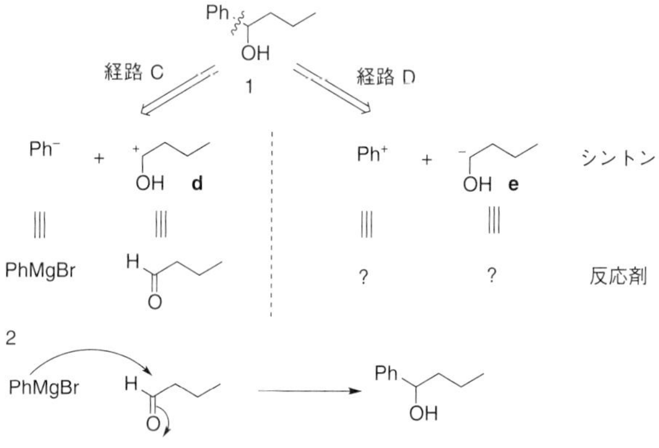

図 2.2　1-フェニル-1-ブタノール **1** の逆合成解析 2

の負の極性を実現できる単純な反応剤を探すのは困難である．

次に逆合成解析 2（図 2.2）として同じく第二級アルコールの炭素とフェニル基の Ph−C 結合を切断してみると，経路 C から生じるシントンからはフェニル Grignard 反応剤とブタナールが出発原

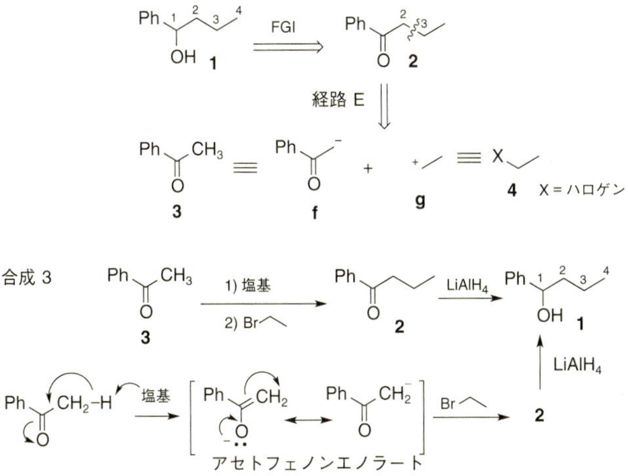

図 2.3　1-フェニル-1-ブタノール **1** の逆合成解析 3

料となる．しかし逆に電荷をおいた経路 D からは対応する反応剤の入手は困難となる．したがって，逆合成解析 1 に基づいてはベンズアルデヒドの Grignard 反応（合成 1）が，逆合成解析 2 からはブタナールの Grignard 反応（合成 2）というように 2 つの合成経路が提示される．

なお Grignard 反応剤（n-PrMgBr や PhMgBr）は市販されてもいるが，合成することもできる．たとえば，n-PrMgBr をさらに逆合成解析すると図 2.1 のシントン（**c**）と$^{-}$MgBr になる．これらに対応する反応剤は臭化プロピルと金属マグネシウム Mg(0) である．

逆合成解析 1 と 2 から得られた合成戦略はいずれもアルデヒドと Griganrd 反応剤との反応であった．次の逆合成解析 3 と 4 では，まず切断に先立ってアルコール **1** をケトン **2** に官能基相互変換（FGI）してみる（図 2.3）．一般にケトンは水素化ホウ素ナトリウ

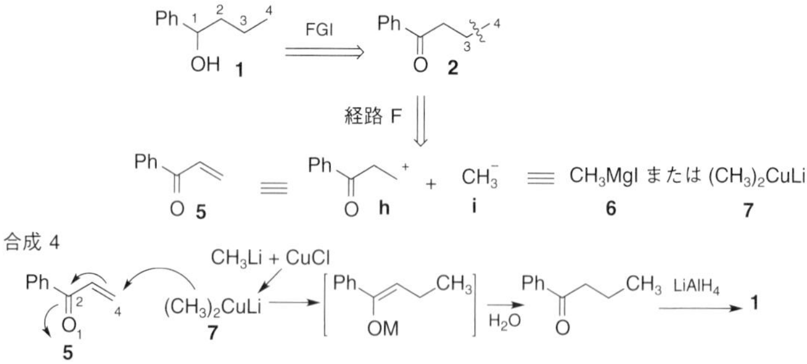

図 2.4　1-フェニル-1-ブタノール **1** の逆合成解析 4

ム（$NaBH_4$）や水素化アルミニウムリチウム（$LiAlH_4$）などの還元剤によって第二級アルコールに還元できることが知られている．さらにカルボニル基の α 位水素は酸性なので，塩基により引き抜かれてエノラートが生成することも知られている．そこで逆合成解析3としてはまず **1** を FGI によってケトン **2** に変換してみる．そこで C2–C3 結合の切断を行うとシントン **f** とシントン **g** が得られ，それぞれは反応剤，アセトフェノン **3** とハロゲン化エチル **4** に対応する．そこで合成は **3** を塩基で脱プロトン化してアセトフェノンのエノラートを発生させ，臭化エチルへの求核置換反応により **2** を得る．これを $LiAlH_4$ で還元すると **1** が得られる（図 2.3）．

さらにケトン **2** の C3–C4 結合の切断に始まる逆合成解析 4（図 2.4）を行ってみると，カルボニル基の β 位に正電荷をもつシントン **h** とシントン **i** が得られる．**h** に対応する反応剤はエノン **5** であり，**i** に対応する反応剤はメチル Grignard 反応剤 **6** または Gilman 反応剤であるジメチル銅リチウム $(CH_3)_2CuLi$ **7** である．一般にエノンに対して Grignard 反応剤を用いるとおもに 1,2-付加が起こるが，R_2CuLi を用いると 1,4-付加（共役付加，Michael 付加）が選択的に起こる．ジメチル銅リチウムはメチルリチウム反応剤にヨウ化銅を加えると反応系内で発生させることができる．この解析に基づいた合成 4 を図 2.4 に示す．

2.3　逆合成解析と合成：考え方と指針

さて他の有機化合物ではどの炭素–炭素結合を選んで，どう結合切断すれば良いのであろうか．実践的な逆合成解析では次に述べる項目を考慮しながら，切断個所を選択し幅広い可能性のなかから最適な合成戦略を考案する［3～5］．

【逆合成解析の考え方】

（1）標的分子に含まれる官能基を認知し潜在極性を考える．

炭素骨格の形式電荷の分布（潜在極性）は官能基*1 によって決まるので，潜在極性を考慮して切断することも有力な方法である．潜在極性は適切な切断やシントンの同定を容易にする目的で用いる仮想的な正と負の電荷のことであり，いくつかの例を図 2.5 に示す［3］．

したがって，1–フェニル–1–ブタノール **1** や 1–フェニルブタン–1–オン **2** の潜在極性は図 2.6 のように示される．

1 の逆合成解析 1（図 2.1 の経路 B）や逆合成解析 2（図 2.2 の経路 C）で得られたシントン，さらに逆合成解析 3 および 4 で得られ

---

*1　官能基別，極性の概念：
- 結合する炭素を電子陽性(＋)にする，すなわち求電子性を付与する基：$-NH_2$，$-OH$，$-OR$，$=O$，$=NR$，$-X$（ハロゲン）
- 結合する炭素を電子陰性（－）にする，すなわち求核性を付与する基：$-Li$，$-MgX$，$-AlR_2$，$-SiR_3$
- （＋）（－）いずれの性質も示す官能基：$-BR_2$，$-C=CR_2$，$-NO_2$，$-SR$，$-S(O)R$，$-SO_2R$

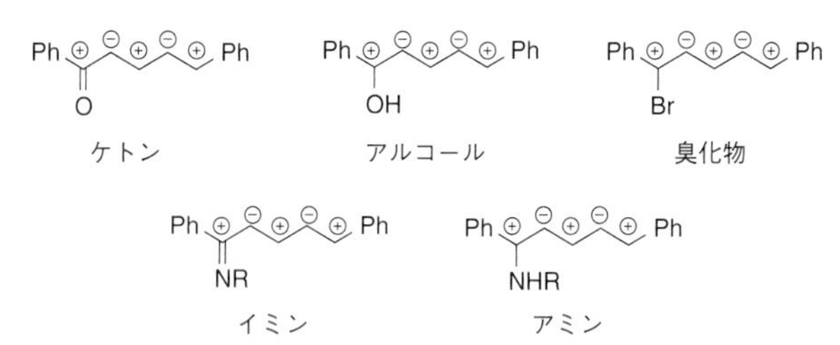

図 2.5　切断やシントンの同定を容易にするために用いる正負の電荷を交互におく仮想的な形式，すなわち潜在極性

図 2.6　1–フェニル–1–ブタノール **1** と 1–フェニルブタン–1–オン **2** の潜在極性

たシントンも潜在極性に調和した自然なシントンであった．一方，逆合成解析 1 の経路 A で生成したシントン **b** や逆合成解析 2（図 2.2 の経路 D）で生成したシントン **e** は，ヒドロキシ基に結合する炭素は電気陽性になる傾向が強いにもかかわらず電気陰性になっている．これは潜在極性に調和しておらず，対応する反応剤の入手が困難になる原因となる．同様に，逆合成解析 3 および 4 においても，逆向きに極性をおいたシントンの組合せは不適切と判断されるので，ここでは省略した．

しかし切断により得られるシントンが官能基に備わった極性とは逆の極性をもつ場合には，このような官能基を化学変換して，そのシントンとは逆の電荷をもつシントンに変換する考え方があり，**極性転換**（umpolung）とよばれる．極性転換は逆合成を行う際に重要な概念の一つとなっている．たとえばハロゲン化アルキル（R−X；X はハロゲン）は求電子剤であるのでアルキルカチオン（R^+）

の合成上の等価体である．しかし，逆合成解析1経路Bで得られるシントン**a**（R^-）は逆の電荷をもっている．そこで，ハロゲン化アルキルをマグネシウムと反応させてGrignard反応剤（R−Mg−X）にすると求核性をもつ反応剤となり，アルキルアニオン（R^-）のシントンに変換されたことになる．他の例としてアルデヒドを酸触媒とともに脱水条件下に1,3-プロパンジチオールと反応させると1,3-ジチアシクロヘキサン（1,3-ジチアン，チオアセタール**8**）が生成する（図2.7）．2つの硫黄に挟まれた炭素上の水素原子は大きな酸性度をもつので，強塩基により脱プロトン化し，対応するジチアンアニオン**j**になる．これはアシルアニオンの等価体である．このアニオン**j**はカルボニル化合物や第一級，第二級ハロゲン化物など種々の求電子剤と反応し，対応する1,3-ジチアンになり$HgCl_2$触媒のもと加水分解すると対応するカルボニル化合物**9**になる．このように求電子的なカルボニル化合物をチオアセタールに変換することによってアシルカチオンをアシルアニオン**k**へと極性転換したことになる．

（2）結合の切断は既知で信頼性の高い反応に対応していなければならない．

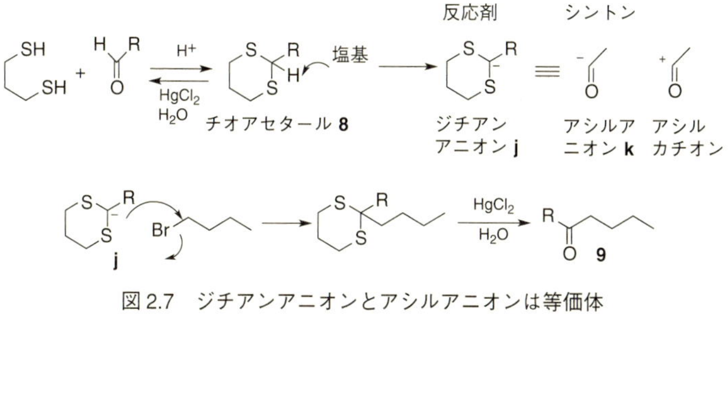

図2.7　ジチアンアニオンとアシルアニオンは等価体

まず分子中の他の反応性の高い官能基に影響を与えずに一つの官能基だけが反応する正しい「官能基」を選択する「官能基（化学）選択性」が重要である．ついで一つの構造異性体（あるいは立体異性体）が優先して生成する「位置選択性」やさらには「立体選択性」をもつ反応に対応するような切断を行う［1～5］.

(3) 適当な官能基の導入が必要なときには官能基相互変換 FGI を活用する.

(4) ヘテロ原子（X）と結合した2つの部分からなる化合物の結合切断は，このヘテロ原子（X）の隣で行う.

(a) 芳香環と残りの分子をつなぐ結合，Ar−X

(b) すべての C−X 結合，とくにカルボニル炭素と X の結合

(c) 可能なかぎり二官能基結合切断が利用できる結合

図 2.8 でみられるように一つの官能基が別の官能基の切断を容易にする.

(d) 環化付加反応が利用できる環内の結合（図 2.9）

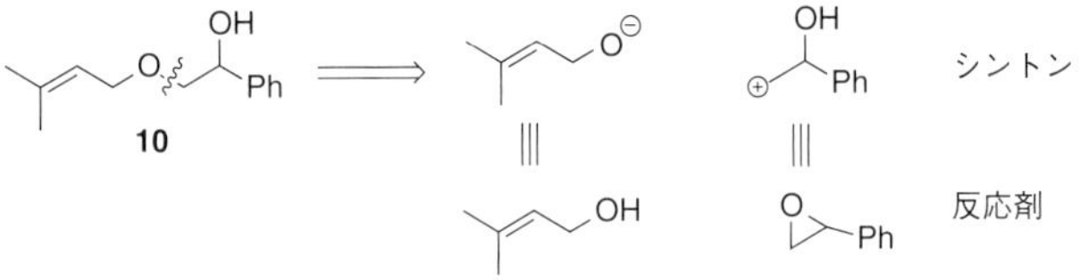

図 2.8　エポキシドへの求核反応

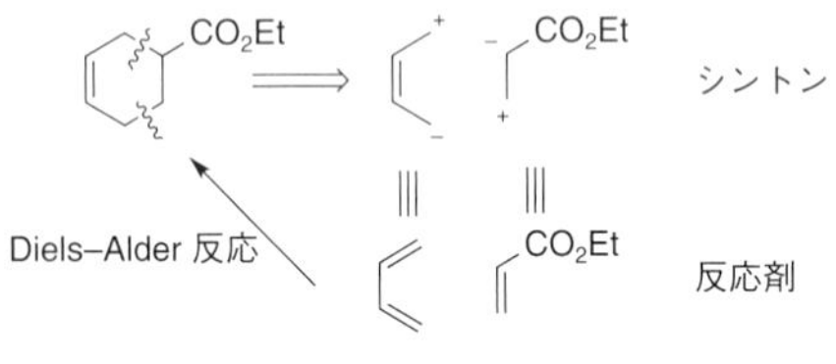

図 2.9　ペリ環状反応

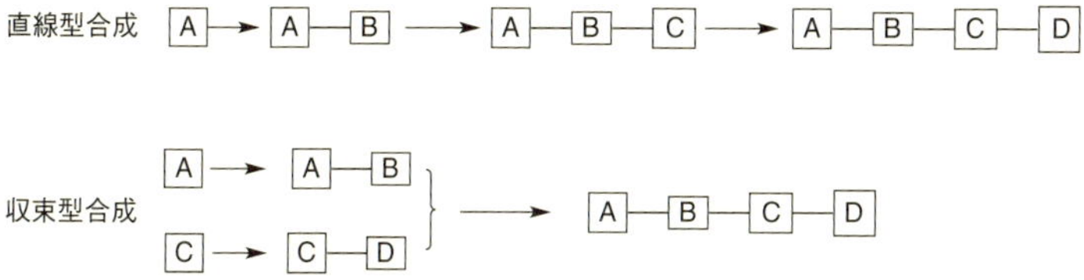

直線型合成 A → A—B → A—B—C → A—B—C—D

収束型合成
A → A—B
C → C—D
→ A—B—C—D

図 2.10 直線型合成と収束型合成のイメージ図

(5) 一般に分子の中心付近か枝分かれ部で切断すると最も単純な合成経路になることが多い.

合成経路は，1つの原料から順次反応を行って標的分子を得る“直線型合成（linear synthesis）”と，複数の原料からいくつかの合成ユニットをあらかじめ組み立てておき，それらを組み合わせることにより標的分子を合成する“収束型合成（convergent synthesis）”に大別できる（図 2.10）．目的化合物の特性を考慮し，適した合成経路を考案するが，一般に，“収束型合成”のほうが“直線型合成”よりも効率が良い.

(6) 入手可能な出発物にたどり着くまで逆合成を繰り返す.

2.4 天然物の逆合成解析と合成例

前節では，逆合成においてよい結合切断を行うための指針を述べてきた．この節では5つの天然物の逆合成解析と合成例を紹介する.

2.4.1 カーネーションの芳香成分中間体の逆合成解析と合成

まず，カーネーションの芳香成分中間体 **11** の合成法について考えてみよう．標的分子 **11** に含まれる官能基は唯一三重結合である.

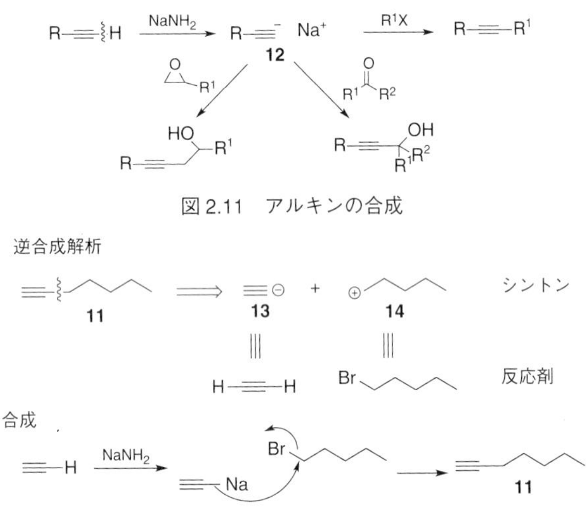

図 2.11　アルキンの合成

図 2.12　カーネーションの芳香成分の中間体 **11** の逆合成と合成

どこで切断するべきかを考えるためにはアルキンの化学を利用すればよい．

11

アルキンのアルキル化は信頼性の高い反応であるので，三重結合の隣での切断が第一選択である．図 2.11 で示すように，アセチレンアニオン（アセチリドイオン）**12** を求核剤として用いるとアルキンを含む幅広い化合物が合成される．

そこで **11** の逆合成として，まずアセチレンと隣接する炭素間で切断すると 2 つのシントン **13** と **14** になる（図 2.12）．これらに対応する適切な反応剤はアセチレンと塩基から生成するアセチレンアニオン **13** と 1–ブロモペンタンである．したがって，標的分子 **11** は **13** による 1–ブロモペンタンへの求核置換反応で合成される．

2.4.2　プロスタグランジン類の逆合成解析と合成

次に，より複雑な化学構造を有する天然物の逆合成解析とそれに基づいた合成経路について学ぶことにしよう．プロスタグランジン（PG）類の合成は Corey らにより精力的に進められた研究分野である［6］．図 2.13 に示すのは野依良治らが報告したプロスタグランジン E_2 **15** の逆合成解析 1 と合成である．PG 類には共通構造として α,β–二置換シクロペンタノンがある．シクロペンタノン上の 2

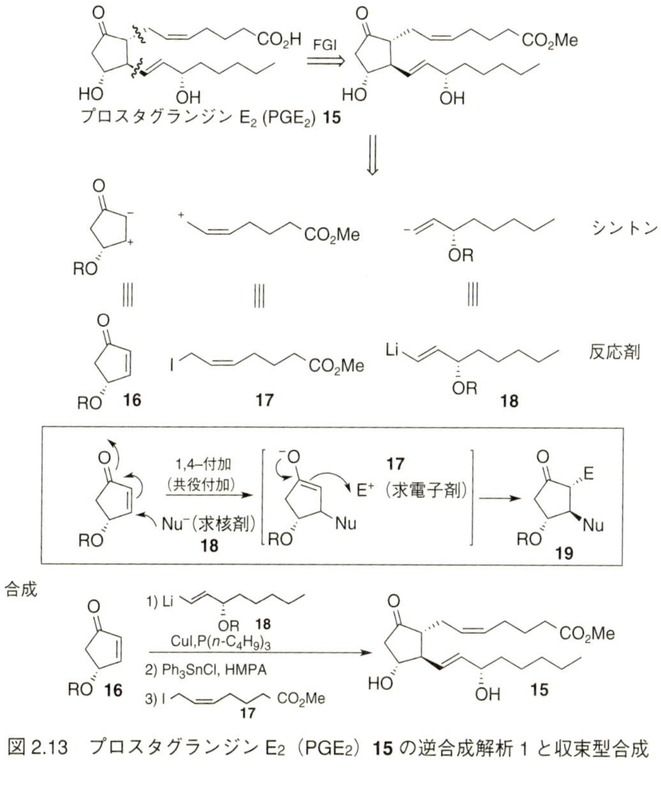

図 2.13　プロスタグランジン E_2（PGE_2）**15** の逆合成解析 1 と収束型合成

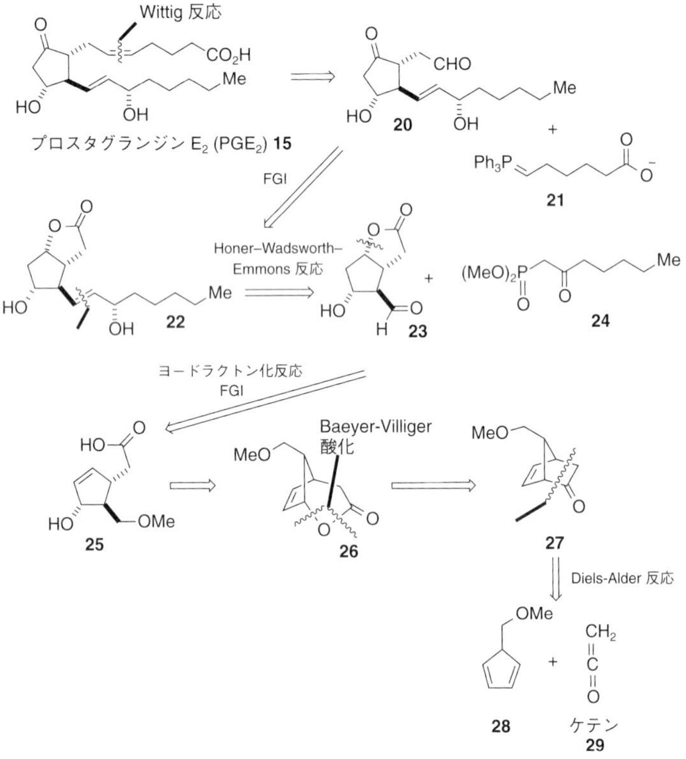

図 2.14　(±)-PGE_2 の逆合成解析 2

つの側鎖を切断してみると，3つのシントンが生成し，それらに対応して **16, 17** および **18** の3つの反応剤が得られる．実際の合成においても，リチウム化合物 **18** のエノン(*R*)-**16** への Michael 付加(1,4-付加反応)，生成するエノラートへの **17** によるアルキル化反応によりシクロペンタノン誘導体の β および α 位側鎖の導入を行

Wittig 反応剤 (a)
Honer–Wadsworth–Emmons 反応剤 (b)

図 2.15　二重結合の切断

い，1 段階で一挙に **15** のメチルエステル体を合成している．これは基本骨格が収束型合成により構築された一例である．

さて，次に PGE_2 の直線型合成への逆合成解析 2（図 2.14）を考えてみよう．この解析ではシス形およびトランス形の 2 つの二重結合に注目し，それぞれ Wittig 反応，Horner–Wadsworth–Emmons 反応を用いることによって，順次，立体選択的に二重結合を導入する戦略である．

二重結合 **30**（シスアルケンで代表）の切断は図 2.15 に示すように，水の付加（FGI）**31**，ついで炭素–炭素結合を切断し，対応するアルデヒドとリンイリドに逆合成する．一般に R′ がアルキル基のような Wittig 反応剤（不安定イリド）の場合には，アルデヒドと反応してシス形二重結合を生成することが知られている．一方で Wittig 反応剤のトリフェニルホスフィン部位をホスホン酸エステルに換えた Horner–Wadsworth–Emmons 反応剤（b）を用いるとトランス形二重結合が選択的に生成する．

そこでまず，図 2.14 に示すように PGE_2 のシス形二重結合を切断して対応するアルデヒド **20** と Wittig 反応剤 **21** に逆合成してみる．同様にしてトランス形二重結合を切断してラクトン体 **23** とホスホン酸ジエステル **24** に導く．ラクトン体 **23** はカルボン酸 **25** のヨードラクトン化により生成するものと思われる．**25** は更なる逆

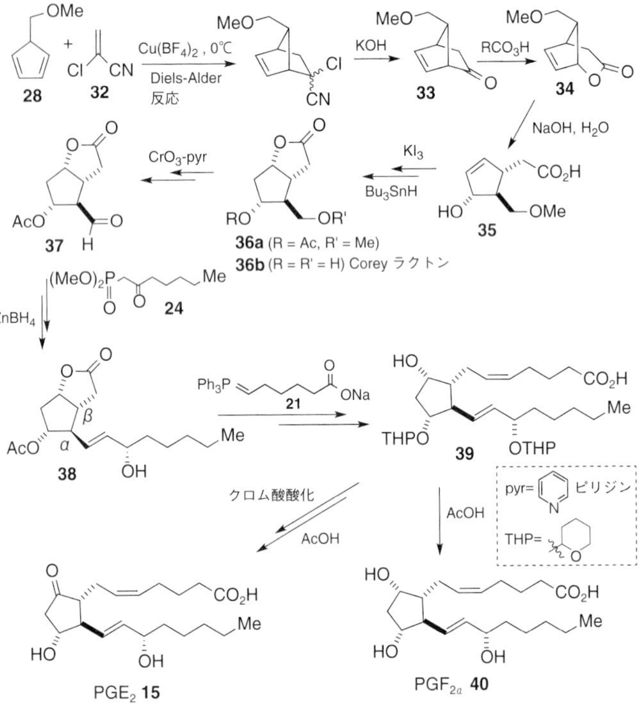

図 2.16　(±)-PGE_2, (±)-$PGF_{2\alpha}$ の全合成

合成を経たのち Diels–Alder 環化付加体 **27** になり，最終的に反応剤 **28** とケテン **29** に逆合成される．

PGE_2 の逆合成解析 2 に基づく合成を図 2.16 に示す．オレフィンを Wittig 反応で構築することを念頭に，順次変換していく方法である．この直線型合成では β 位側鎖をまず導入し，次いで α 位側鎖を導入するための官能基変換を行った後に α 位側鎖を導入するといった工程数の必然的な増加を伴っている．また，α,β 位側鎖を導入するラクトン体 **37** の合成もシクロペンタジエン **28** を出発物質とする多段階の合成で達成されている．

ジエン **28** と 2-クロロアクリロニトリル **32** の Diels-Alder 反応により得られる環化体を塩基で処理するとケトン **33** になる．これを過酸（RCO_3H，*m*-クロロ過安息香酸）で酸化しラクトン **34** にした後，環状エステルをアルカリで加水分解すると，カルボン酸 **35** が生成した．**35** はプロスタグランジンのシクロペンタン環に必要とされる 3 つの置換基の立体化学がすでに揃っており，さらに二重結合の存在はヨードラクトン化を可能にし，ヨウ素を還元すると二環性ラクトン体 **36a** が生成する．なお **36b** は Corey ラクトンとして知られ，類縁化合物の重要な合成中間体として活用され市販もされている．**36a** の酸化で得られたアルデヒド **37** と **24** との Horner-Wadsworth-Emmons 反応でトランス二重結合が選択的に導入された **38** を得る．続いて **21** との Wittig 反応を行い得られた **39** のヒドロキシ基をカルボニル基に酸化，最後にヒドロキシ基の保護基を除去すると標的分子 PGE_2 **15** が，また **39** のヒドロキシ基の保護基を除去するによって $PGF_{2\alpha}$ **40** の合成が達成された [6b]．先に述べた収束型合成と比較して直線型合成は工程数が多い．

このように合成戦略において逆合成解析が重要であることを示す一例となっている．とくに複雑な構造をもつ大きな化合物の合成を目的とする場合においては逆合成解析がきわめて有用な手段となる．

2.4.3　レセルピンの逆合成解析について

第 1 章で述べた Woodward のレセルピン全合成当時は，まだ逆合成解析の概念が導入されていなかった．そこで Woodward の頭のなかで考えられたであろうレセルピン全合成経路に，今日の逆合

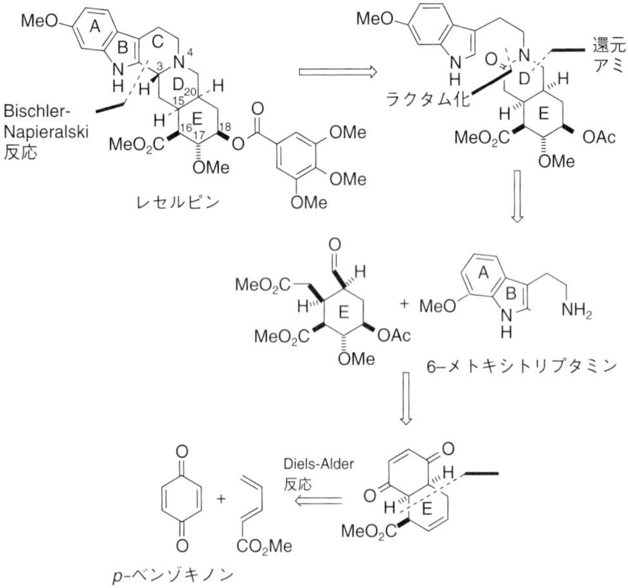

図 2.17　Woodward の(±)-レセルピンの逆合成解析

成解析の考え方をもって近づいてみよう．すると第1章で紹介したDiels–Alder反応から始まるレセルピン全合成は図2.17に示すような逆合成解析に基づいていたと推定でき，現在においてもなお驚嘆される合成経路である．

その後1980年に発表されたP. A. Wenderのレセルピン逆合成解析と全合成経路の要約を図2.18に示す．出発点は*cis*–ヒドロイソキノリン（DE環）を構築するために，Diels–Alder反応と続く[3,3]シグマトロピー転位（[3,3]–sigmatropic rearrangement，Cope転位）を利用しており，続いてE環の置換基を立体選択的に導入している［7］．

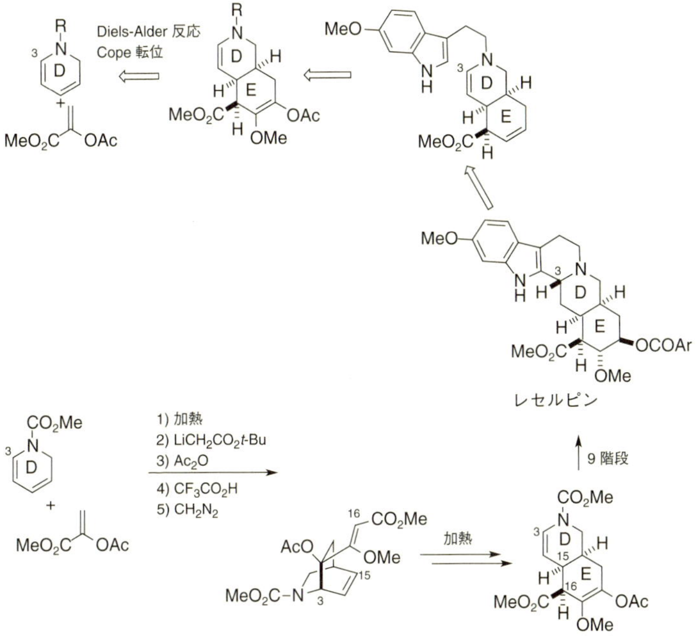

図 2.18　Wender の(±)–レセルピン：逆合成解析と合成

2.4.4　フェロモンの全合成：生物活性物質の正しい構造を知る

1959 年，P. Karlson と A. Butenandt らは同種の動物間で情報伝達される外分泌物を，ギリシャ語 “pherein（運ぶ）” と “hormao（刺激する）” を合わせて “pheromone（フェロモン，刺激を運ぶもの）” という語をつくりだした．フェロモンは，動物や微生物の体内で生成して体外に分泌後，同種の他の個体に一定の行動や発育の変化を促す生物活性物質であるが，きわめて低濃度でその効力を果たすものが多い．フェロモンの正しい立体構造を知るために，さらに生物活性を研究するためには想定される異性体をすべて全合成

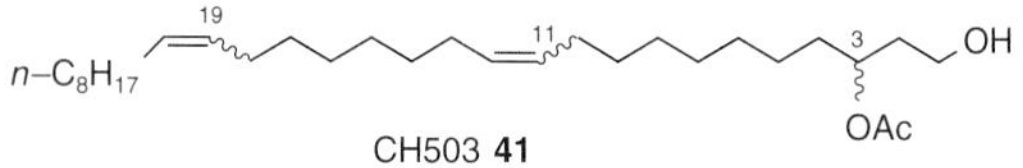

CH503 **41**
3-アセトキシ-11,19-オクタコサジエン-1-オール

図 2.19　フェロモン CH503 **41** の推定構造式

し，量的に確保することがきわめて重要である．フェロモンのみならず，天然物から単離される活性物質は微量なものが多く，全合成は構造の決定，とくに立体化学構造の決定や生物活性研究において重要な役割を担っている．

近年単離されたフェロモンの逆合成解析に基づく合成例を紹介しよう．

2009 年に雄キイロショウジョウバエ性フェロモン CH503 が単離され，**41** のような推定構造式が提出された（図 2.19）［8a］．森 謙治らはその絶対配置を含めた構造［8b］を決定するべく 8 種のすべての異性体を合成し，クロマトグラフィー解析による解明，さらには各異性体の生物活性を検討し，どの異性体が活性の本体であるかを調べた［9, 10］．

8 種類の異性体をどのような合成戦略で合成するのか，代表例として 8 種類の異性体の一つ $(3R, 11Z, 19Z)$–**41** の逆合成解析を行ってみよう（図 2.20）．まず **41** の FGI により **42** へ官能基変換をしてみると，この章ですでに学んだアセチレンの切断（図 2.12）とエポキシドの生成（図 2.8）にたどり着く．したがって，最終的には **46**，**48** のアセチレンアニオンとハロゲン化アルキル **47** とのアルキル化反応と 3-ブテン-1-オール **49** の酸化で得られるエポキシドの開環反応に逆合成される．

$(3R, 11Z, 19Z)$–**41** の合成中間体として設定したジアルキン(＋)–**42** および(－)–**42** は，8 種類すべての共通中間体となる．**42** より

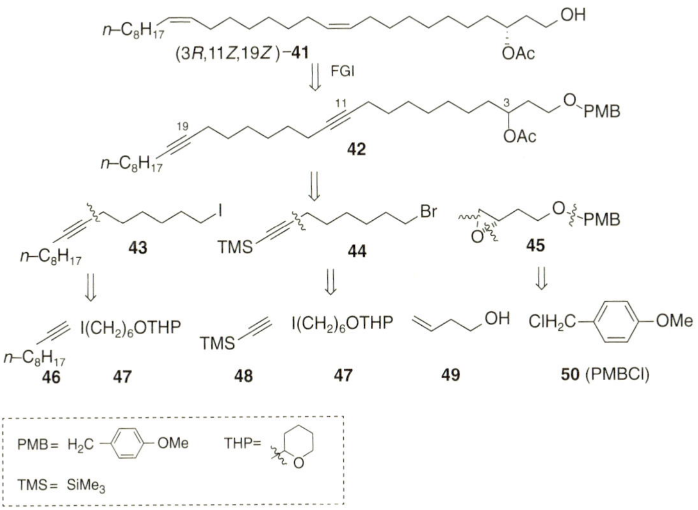

図 2.20　(*R*)-**41** の逆合成解析

三重結合を $LiAlH_4$ 還元すれば（*E*）-アルケン（トランス二重結合）に，またLindlar還元やヒドロホウ素化-プロトン化を行えば（*Z*）-アルケン（シス二重結合）へと二重結合を選択的に導入できる．さらにC3位の立体化学（キラリティー）はキラルなコバルト触媒を用いるエポキシ中間体（±）-**45** の Jacobsen 速度論的光学分割加水分解（Jacobsen's hydrolytic kinetic resolution：HKR）［11］を利用してみる（図 2.21）．

逆合成解析に基づいた **41** の合成経路を図 2.22 に示す．まず，(3*R*, 11*Z*, 19*Z*)-**41** の合成はブロモ体 **43** から調製された Grignard 反応剤とエポキシド（*S*）-**45** との反応で生成するアルコール（*R*）-**51** の保護基を除去し（*R*）-**52** とした．次に（*R*）-**52** の末端アセチレン基を BuLi でアセチレンイオンとした後，**43** と反応させると重

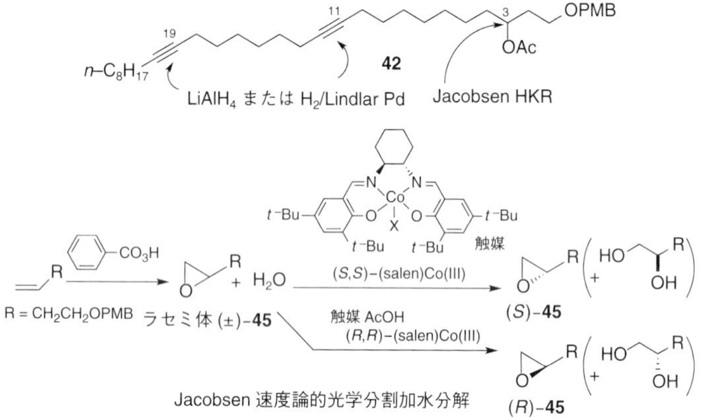

図 2.21　フェロモン CH503 **41** の合成戦略の鍵反応

要共通中間体（R）–**42** が得られた．（R）–**42** の2つの三重結合をヒドロホウ素化–プロトン化によって（Z）–アルケン（シス二重結合）に還元した後，ヒドロキシ基をアセチル化するとCH503の異性体の一つである（3R, 11Z, 19Z）–**41** が得られた．（3R, 11Z, 19Z）–**41** のエナンチオマーである（3S, 11Z, 19Z）–**41** およびラセミ体である（3RS, 11Z, 19Z）–**41** も，同様の経路によって，それぞれ（R）–**45** および（RS±）–**45** から合成した（図 2.22）．その結果，興味深いことに合成されたフェロモン異性体のなかで（3S, 11Z, 19Z）–**41** は最も顕著なフェロモン活性を示すのに対し，（3R, 11Z, 19Z）–**41** はわずかに活性があるのみであり，ラセミ体（3RS, 11Z, 19Z）–**41** の活性は（3S, 11Z, 19Z）–**41** より若干弱いことが明らかになった．

図 2.23 には合成された8種の異性体の構造式を示す．最終的にどの異性体が天然物であるかを確かめるために，合成された異性体および天然物をそれぞれ大類–赤坂（Ohrui-Akasaka）反応剤［12］でエステル化することによってはじめてHPLC（高速液体クロマト

TMS　**43** X = Br
Mg, CuBr
OPMB　O　(*S*)-**45**

R　OPMB　OH
K_2CO_3,MeOH　(*R*)−**51**, R = TMS
(*R*)−**52**, R = H
BuLi
n−C_8H_{17}　I　**43**

n−C_8H_{17}　OPMB　OR
Ac_2O, DMAP
ピリジン
(*R*)−**42'**　R = H
(*R*)−**42**　R = Ac
1) (シクロヘキシル)$_2$BH
2) Ac_2O
3) DDQ

TMS = $SiMe_3$
PMB = H_2C—(C₆H₄)—OMe
DMAP = N(C₅H₄)—NMe_2
DDQ = Cl, Cl, CN, CN, O, O

n−C_8H_{17}　19　11　3　OH　OAc
(3*R*,11*Z*,19*Z*)−**41**
天然フェロモン　CH503　フェロモン活性弱い

OPMB　O　(*R*)−**45**
n−C_8H_{17}　OH　OAc
(3*S*,11*Z*,19*Z*)−**41** 顕著なフェロモン活性を示す

OPMB　O　(*RS*)−**45**
(ラセミ体)
n−C_8H_{17}　OH　OAc
(3*RS*,11*Z*,19*Z*)−**41** フェロモン活性は3*S* 体より若干弱い

図 2.22　フェロモン CH503 **41** の合成

グラフィー）で8種の異性体の完全な分離が可能になり，天然物のフェロモン CH503 は（3*R*, 11*Z*, 19*Z*)−**41** であることが確実になった（図 2.24).

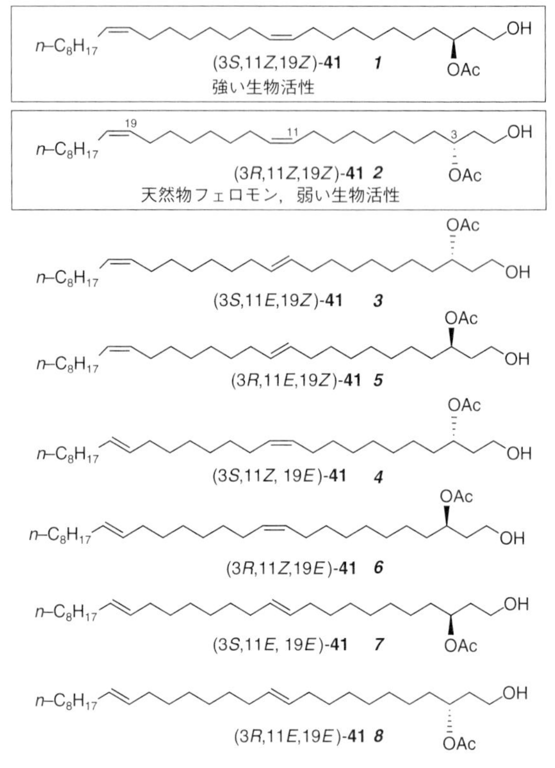

図2.23　フェロモン（CH503 **41**）の合成された8種の異性体

この一連の研究は天然生物活性物質の正しい構造，とくに正しい立体構造を知るために全合成が果たす役目がいかに重要であるかを示している．さらに重要な，また興味あることは，天然物が必ずしも最強の生物活性を示す立体異性体ではないことが明らかにされたことである．

さらに多くの生物活性物質の合成研究から，活性発現のためには

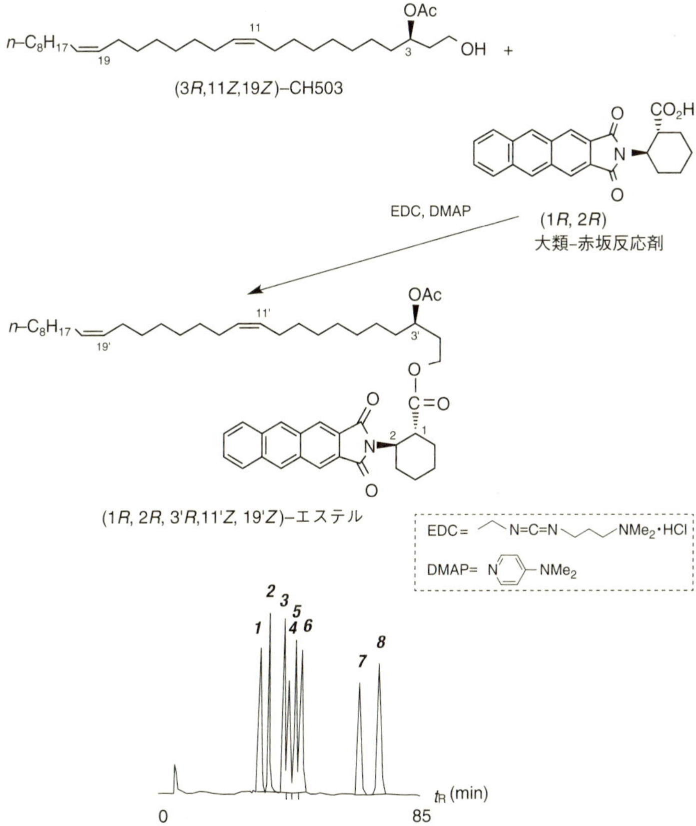
OAc
11
n–C8H17
19
3
OH　+
(3R,11Z,19Z)–CH503
O
CO2H
N
O
EDC, DMAP
(1R, 2R)
大類–赤坂反応剤
OAc
11'
19'
3'
O
C=O
2
1
(1R, 2R, 3'R,11'Z, 19'Z)–エステル
EDC= N=C=N NMe2•HCl
DMAP= N NMe2
1
2
3
4
5
6
7
8
tR (min)
0
85

図 2.24　異性体の誘導体合成と HPLC カラム分離
各異性体より誘導されたエステル（***1***〜***8***，図 2.23）は－20℃ の逆相 HPLC で分析された．

生物活性物質の立体化学が重要であるが，生物活性物質はつねに純粋なエナンチオマーであるばかりでなく，両エナンチオマーの一定の混合物が生物活性発現に必須なケースもあることが示されている

[13].

2.4.5　テトロドトキシンの逆合成解析と全合成

この章の最後に極めて複雑な構造をもつ天然有機分子，テトロドトキシン（TTX）の最近報告された卓越した全合成を取り上げることにしよう．

TTX **53** は細菌などによって生産されるアルカロイドであり，神経毒である．一般にフグ毒として有名な海洋性アルカロイドとして知られているが，イモリやカエルなどからも見出されている．1964年に津田恭介ら（東京大学），R. B. Woodwardら（ハーバード大学），平田義正ら（名古屋大学）の3グループにより独立に構造決定された歴史に残る天然物である [14]．その構造の複雑さから，全合成はきわめて困難とされたが，1972年に岸 義人ら（当時 名古屋大学，現 ハーバード大学，p.104，コラム7）は最初の全合成（ラセミ体）に成功した [15]．テトロドトキシン **53** は比較的小さい分子であるが，ヘテロ原子の多い多環多官能性化合物であり，その分子量サイズからは想像できないくらい“きわめて合成困難な天然物”であるとされている．その後多くの合成化学者の挑戦を受けてきたが，近年報告された西川俊夫・磯部 稔らと福山 透らの2つの研究グループの不斉全合成について簡単に紹介したい．

西川・磯部らは2003年に最初のTTX **53** の不斉全合成に成功したが [16]，翌年著しく短縮・改良された第2世代合成（38工程）（図2.25）を発表した [17]．その合成戦略は糖質レボグルコノセン **55** とイソプレン **56** からTTXの炭素骨格とグアニジン合成に必須なアミノ基をもった共通中間体 **54** を合成し，それを基点にTTXを含むさまざまな11–デオキシ型TTX類縁体を合成することにあった．この経路の開発によって中間体の量的確保や天然物からの入手

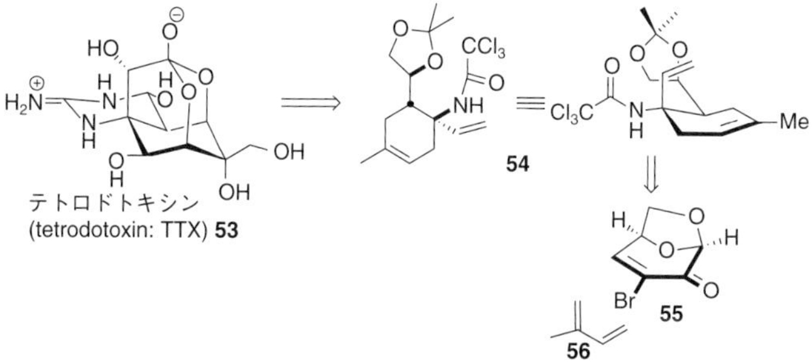

テトロドトキシン
(tetrodotoxin: TTX) **53**

図 2.25　西川・磯部らの合成戦略

困難な TTX 類縁体の合成が可能になり，さらに生物活性の研究に必要な量的供給が可能になってきた．

まず西川らはレボグルコノセン **55** とイソプレン **56** の Diels–Alder 反応による光学活性なシクロヘキサン環の構築（ジエン **56** はジエノフィル **55** の立体障害の少ない α 面から反応するため光学活性体 **57** が生成する）と続く Overman 転位による立体選択的なアミノ基の導入によって光学活性な共通中間体 **54** の合成方法を確立した．ついでシクロヘキサン環の立体配座を利用して TTX 合成に必要な官能基であるヒドロキシ基およびエポキシ基を高い立体制御下に導入し，**61** を合成した．**61** は数段階を経てラクトン **62** に変換された（図 2.26）．次いで **62** を TTX の基本骨格を有するオルトエステル **63** に変換した後，低温で水素化ジイソブチルアルミニウムと反応させるとアセチル基およびトリクロロアセチル基が一挙に還元的に除去されてアミン **64** になった．アミン **64** は精製することなく BocN＝C(SMe)NHBoc **65** と反応させグアニジン誘導体 **66** とした後，トリフルオロ酢酸（TFA）で加水分解するとすべての保護基が除去されて TTX **53** とそのアンヒドロ体 **67** が得られ，ここに光学活性なテトロドトキシン，(－)-TTX (－)-**53** の不斉全合成が西

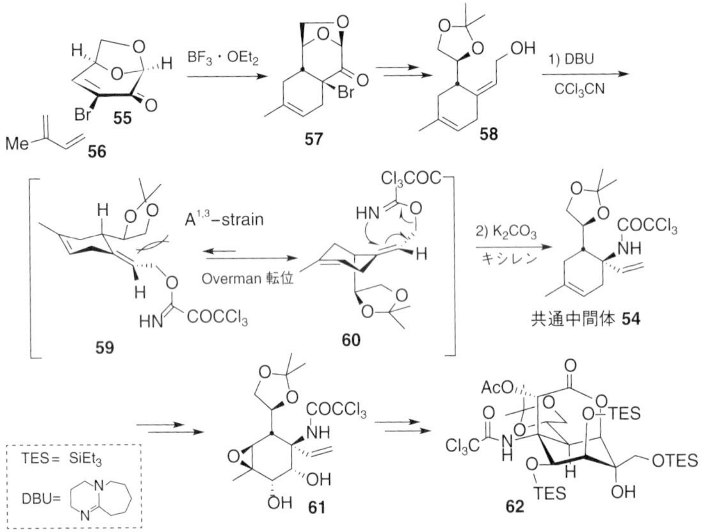

図 2.26　共通中間体 **54** の合成とラクトン **62** への誘導

用語解説

$A^{1,3}$–strain（allylic 1,3–strain）

$A^{1,3}$ アリルひずみ（$A^{1,3}$–strain）は，二重結合の存在する分子において，二重結合上の原子にある置換基 R^1 とアリル位原子上にある置換基 R^2 は接近しており，両者の間には下図に示すような立体反発が存在する．これにより生じる反発相互作用（立体障害）のことを $A^{1,3}$–strain という．

とくに R^1 が水素以外の置換基である場合，$A^{1,3}$–strain は大きい．

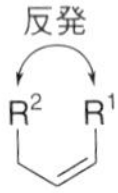

図　$A^{1,3}$–strain

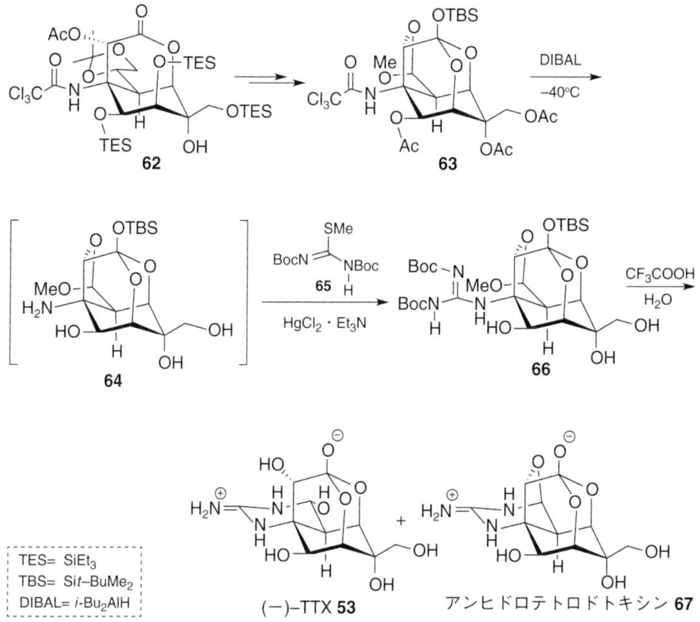
DIBAL
−40°C
62
63
64
65
66
HgCl2・Et3N
CF3COOH
H2O
(−)–TTX 53
アンヒドロテトロドトキシン 67
TES= SiEt3
TBS= Sit–BuMe2
DIBAL= i-Bu2AlH

図 2.27　西川・磯部らの(−)-TTX 全合成

川・磯部らによって完成した（図 2.27）.

一方，岸らの TTX 全合成のメンバーであった福山は 2017 年，類縁体の合成も見据えた TTX の実用的な合成経路を確立し，(−)-**53** の不斉全合成に成功した［18］. 西川らの合成例でもみられるように TTX **53** 全合成にあたっての最大の課題は主骨格であるシクロヘキサン環上のすべての置換基の立体化学を効率的に制御することである．そのために福山らは Diels–Alder 反応で生成する多環性化合物の特性を絶妙に利用して立体選択的に置換基を導入したのち，逆 Diels–Alder 反応によりシクロペンタジエンを除去する戦略を立て

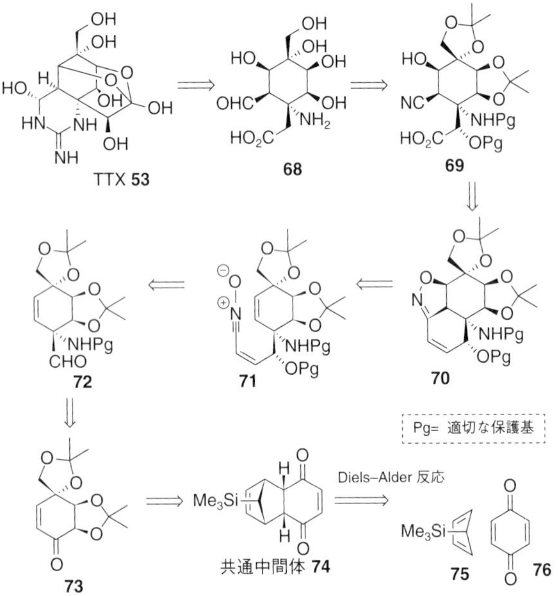

図 2.28　福山らの(−)-TTX **53** の逆合成解析

た．その逆合成解析を（図 2.28）に示すが，**53** から，類縁体の合成にも展開できるような重要環化付加体 **74** への逆合成と，**74** のさらなる *p*-ベンゾキノン **76** と 5-トリメチルシリル（TMS)-1,3-シクロペンタジエン **75** への逆合成である．

福山らは逆合成解析に示されるように大量合成可能な *p*-ベンゾキノン **76** と 5-トリメチルシリル-シクロペンタジエン **75** との Diels-Alder 反応を行い **74**（図 2.28）を得た後，**74** のカルボニル基を Luche 還元（$NaBH_4$，$CeCl_3 \cdot 7H_2O$）してメゾジオール **77** に導いた（図 2.29）．**77** を酢酸イソプロペニルと酵素触媒リパーゼ PS IM Amano による不斉アシル化反応にかけると，光学活性なアセター

Diels–Alder 反応

1) TMS

2) $NaBH_4$, $CeCl_3 \cdot 7\,H_2O$

リパーゼ PS IM Amano Et_3N

1) $LiCH_2OMOM$ 2) OsO_4

1) $(CF_3CO)_2O$ i–Pr_2NEt 2) LiOt–Bu

84 AcOH 1 M HCl

76 77 78 79 80 81 82 83 85 86 87 TTX (−)-53

4,9-アンヒドロ TTX 67

11-ノル TTX-6-(R)-オール

4,9-アンヒドロ-11-ノル TTX-6-(R)-オール 88

TBS= Sit–$BuMe_2$ Boc= COt–Bu
TMS= $SiMe_3$
MOM= CH_2OMe Cbz= $COCH_2Ph$

図 2.29 福山らの(−)-TTX 53 の全合成

ト **78** が高収率で得られた．これより多環式骨格の立体的特性を利用した変換（**78→80**），逆 Diels–Alder 反応，アリルシアナートの[3,3]シグマトロピー転位（**81→82**），およびクロラミン **84** によるオキシム上のトリメチルシリル基の除去と続くニトリルオキシドの分子内 1,3–双極子付加環化反応（**83→85**）を利用することにより，望みどおりの立体選択性で TTX の中心骨格を構築した．最後に，イソキサゾリンの開裂を含む官能基変換（**85→86**），続くオルトエステルと環状グアニジンの構築（**87**）を経て，TTX（−）–**53** と 4,9–アンヒドロ TTX **67** の不斉全合成を完成した．さらに合成終盤の中間体より，天然物である 11–ノル TTX–6–(*R*)–オールと 4,9–アンヒドロ–11–ノル TTX–6–(*R*)–オール **88** の初の不斉全合成も達成した．以上の各反応段階についての詳しい説明は省略したので文献[17〜19]を参照していただきたい．

TTX はナトリウムチャンネルを強力かつ選択的に阻害することが知られている［14］．以上の合成経路はそれぞれ類縁体の合成にも適応でき，神経細胞のサブタイプ特異的な医薬品開発への期待がもてる．

参考文献

[1] Corey, E. J., Cheng, X. -M., “The Logic of Chemical Synthesis”, Wiley（1995）．（丸岡啓二 訳，『コーリー 有機合成のコンセプト』，丸善出版（1997））．

[2] Corey, E. J., *Angew. Chem. Int. Ed. Engl.*, **30**, 455–465（1991）．

[3] Willis, C. L., Wills, M., “Organic Synthesis”, Oxford University Press（1995）．（富岡清 訳，『有機合成の戦略—逆合成のノウハウ』，化学同人（1998））．

[4] Zeifel, G. S., Nantz, M. H., Somfai, P., “Modern Organic Synthesis: An Introduction” Freeman. W. H.（2007）．（檜山為次郎 訳，『最新有機合成法—設計と戦略』，化学同人（2009））．

[5] Warren, S., Wyatt, P., “Workbook for Organic Synthesis: The Disconnection Approach, 2nd. Ed.”, Wiley（2010）．（柴崎正勝，橋本俊一 監訳，『ウォーレン 有機合成—逆

合成からのアプローチ』，東京化学同人（2014））．
[6]（a）Corey, E. J., Weinshenker, N. M., Schaaf, T. K., Huber, W., *J. Am. Chem. Soc.*, **91**, 5675–5677（1969）.
（b）Corey, E. J., Weinshenker, N. M., Schaaf, T. K., Huber, W., *J. Am. Chem. Soc.*, **92**, 397–398（1970）.
（c）Corey, E. J., Noyori, R., Schaaf, T. K., *J. Am. Chem. Soc.*, **92**, 2586–2587（1970）.
（d）Suzuki, M., Yanagisawa, A., Noyori, R., *J. Am. Chem. Soc.*, **110**, 4718–4726（1988）.
（e）Nicolaou, K. C., Snyder, S. A., Montagnon, T., Vassilikogiannakis, G., *Angew. Chem. Int. Ed.*, **41**, 1668–1698（2002）.
[7] Wender, P. A., Schaus, J. M., White, A. W., *J. Am. Chem. Soc.*, **102**, 6157–6159（1980）.
[8]（a）Yew, J. Y., Dreisewerd, K., Luftmann, H., Muhing, G., Pohlentz, G., Kravitz, E. A., *Curr. Biol.*, **19**, 1245–1254（2009）.
（b）松本有正，有機合成化学協会誌，**73**，755–761（2015）.
[9] Mori, K., Shikichi, Y., Shannkar, S., Yew, J. Y., *Tetrahedron*, **66**, 7161–7168（2010）.
[10] Shikichi, Y., Akasaka, K., Tamogami, S., Shankar, S., Yew, J. Y., Mori, K., *Tetrahedron*, **68**, 3750–3760（2012）.
[11] Martinez, L. E., Leighten, J. L., Carsten, P. D. H., Jacobsen, E. N., *J. Am. Chem. Soc.*, **117**, 5897–5898（1995）.
[12] Akasaka, K., Ohrui, H., *Biosci. Biotechnol. Biochem.*, **68**, 153–158（2004）.
[13] Borden, J. H., Chong, L., McLean, J. A., Slessor, K. N., Mori, K., *Science*, **192**, 894–896（1976）.
[14]（a）Tsuda, K., Ikuma, S., Kawamura, M., Tachikawa, R., Sakai, K., Tamura, C., Amakasu, O., *Chem. Pharm. Bull.*, **12**, 1357–1374（1964）.
（b）Woodward, R. B., *Pure, Appl. Chem.*, **9**, 49–74（1964）.
（c）Goto, T., Kishi, Y., Takahashi, S., Hirata, Y., *Tetrahedron*, **21**, 2059–2088（1965）.
[15] Kishi, Y., Aratani, M., Fukuyama, T., Nakatsubo, F., Goto, T., Inoue, S., Tanino, H., Sugiura, S., Kakoi, H., *J. Am. Chem. Soc.*, **94**, 9217–9219; 9219–9221（1972）.
[16] Ohyabu, N., Nishikawa, T., Isobe, M., *J. Am. Chem. Soc.*, **125**, 8798–8805（2003）.
[17]（a）Nishikawa, T., Urabe, D., Isobe, M., *Angew. Chem. Int. Ed.*, **43**, 4782–4785（2004）.
（b）*Idem*, *Synlett*, **26**, 1930–1939（2015）.
[18] Maehara, T., Motoyama, K., Toma, T., Yokoshima, S., Fukuyama, T., *Angew. Chem. Int. Ed.*, **56**, 1549–1552（2017）.
[19]（a）西川俊夫，化学，**71**(4)，40–42（2016）.
（b）西川俊夫，『天然物の化学—魅力と展望』，科学のとびら 60，上村大輔 編，

p.83-90，東京化学同人（2016）．

練習問題

問1　1-フェニルブタン-1-オン **2** の C1－C2 結合の切断による逆合成解析（FGI やシントン，反応剤を示す）を行い，2つの合成法を記せ．

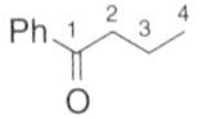

Ph, 1, 2, 3, 4, O

1-フェニルブタン-1-オン **2**

問2　下に示したライラックの芳香成分の逆合成解析（結合の切断，FGI やシントン，反応剤を示す）を行い，合成法を記せ．

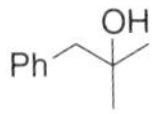

OH, Ph, **89**

問3　以下の化合物を逆合成解析し，合成法を記せ．ただし，各ステップにおいて炭素数4以下の試薬を用いよ．

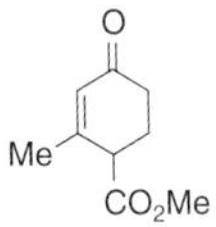

O, Me, CO_2Me, **90**

第3章

ストリキニーネ全合成の変遷

3.1 はじめに

ストリキニーネ（strychinine）は今からおよそ200年前の1818年にP. J. PelletierとJ. B. Caventouによって，インド，スリランカ，東南アジアなどに育成するフジウツギ科の植物マチン（馬銭）の種子から単離された．純粋なかたちで単離された最初のアルカロイドの一つである．これはアガサ・クリスティやエラリー・クイーンなどの推理小説に登場する有名な猛毒であり，種1粒で大人一人の致死量に足るとされている．しかしその化学構造は130年以上も後の1948年に有機合成の神様とよばれているWoodwardによって明らかにされた．この化合物は，現在構造決定に用いられる分析手法や反応などをもってしてもそう簡単には解き明かされないような複雑なそしてユニークな構造をしている．しかし，Woodwardは当時知られている化学反応を駆使して，7つの環と6つの不斉炭素をもつ複雑な縮環骨格の化合物**1**であることを明らかにした［1］．なおストリキニーネの絶対構造は1956年X線結晶構造解析により決定された［2］．

このように複雑な構造が解明されてまもなく1954年にふたたびWoodwardによって(−)-ストリキニーネの初の全合成が報告され再度世界を驚かせた［3］．当時の有機化学の水準を考えれば信じ

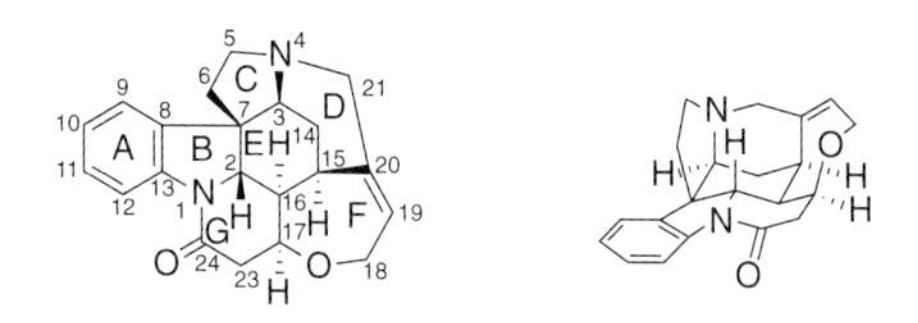

図 3.1　(−)-ストリキニーネ **1**

がたいほどの成果であった．その後ストリキニーネの全合成に挑戦する者は約 40 年近く見受けられなかった．このことはいかにこの化合物の合成が困難であるかを物語っている．

しかし 1992 年 P. Magnus によって Woodward につづく 2 番目の全合成（ラセミ体）が発表されるやいなや，10 以上の研究グループが相次いでそれぞれ独自のルートによる全合成を報告しだした．図 3.2 にそれらを要約した．Woodward の合成後の有機化学の飛躍的な進歩，とくに有機金属化学の進歩，新しい反応と合成の凄まじい開発研究などが相まってこの超難解な天然物しかし，有機合成化学者の興味を引き付けてやまなかったこの天然物合成への挑戦を可能にした．

図 3.2 をみると，すべての合成経路はイソストリキニーネ（iso-strychnine）**2** か Wieland–Gumlich アルデヒド **3** を経由している．なぜならすでに **1** は酸または塩基を作用させると逆 Michael 反応が起こり **2** になること，そして **2** は KOH と加熱すると **1** に戻ること，一方アルデヒド **3** はマロン酸と反応させると **1** に変わることが **1** の構造決定の段階ですでにわかっていたからである [2b]．したがって，**2** か **3** を合成すれば，化学的に **1** に導くことができる（図 3.3）．

この章では，現在においてもなお驚異的な Woodward の初のストリキニーネ全合成と，次いでその後の有機化学の進歩に伴い，い

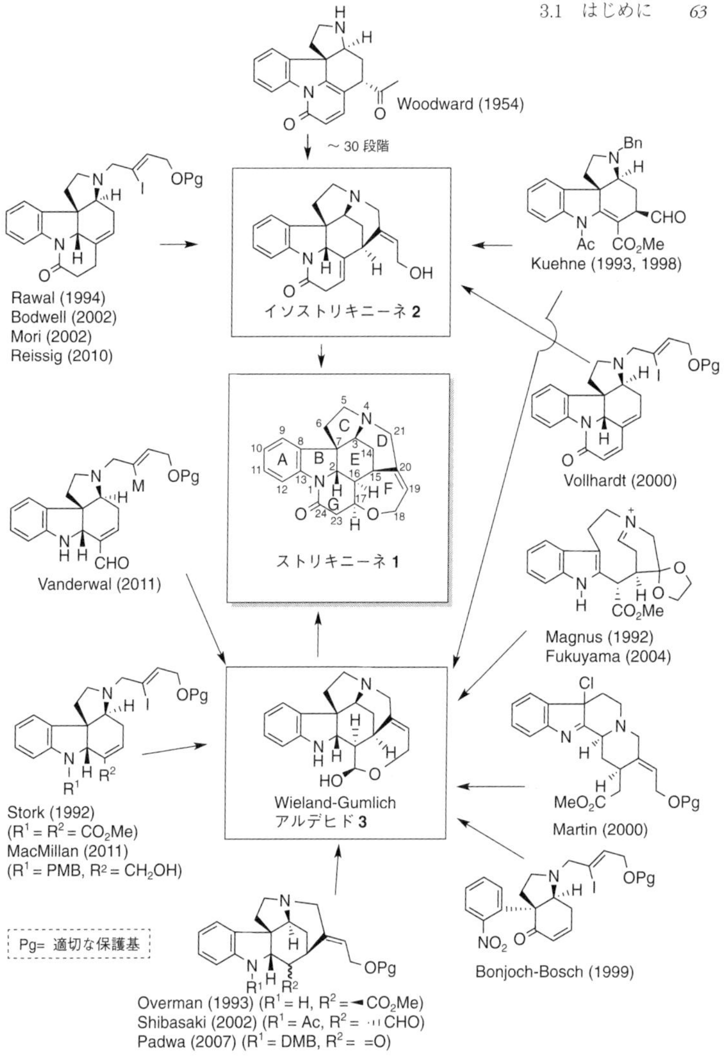

Woodward (1954)

～30 段階

イソストリキニーネ **2**

Rawal (1994)
Bodwell (2002)
Mori (2002)
Reissig (2010)

Kuehne (1993, 1998)

ストリキニーネ **1**

Vollhardt (2000)

Vanderwal (2011)

Magnus (1992)
Fukuyama (2004)

Wieland-Gumlich
アルデヒド **3**

Stork (1992)
($R^1 = R^2 = CO_2Me$)
MacMillan (2011)
(R^1 = PMB, $R^2 = CH_2OH$)

Martin (2000)

Pg= 適切な保護基

Bonjoch-Bosch (1999)

Overman (1993) (R^1 = H, R^2 = ◀CO_2Me)
Shibasaki (2002) (R^1 = Ac, R^2 = ···CHO)
Padwa (2007) (R^1 = DMB, R^2 = =O)

図 3.2 ストリキニーネの全合成

合成戦略の概要を示す．括弧のついた数字は全合成の報告年．この図では，絶対構造を示す表記法（p.*vii* 参照）を採用したが，必ずしも光学活性体とは限らない．

図3.3　イソストリキニーネ **2** および Wieland–Gumlich アルデヒド **3** からストリキニーネ **1** への化学変換

かに天然物の全合成が進歩してきたのかを知るために，代表的なストリキニーネ全合成の例を取り上げてその進展をたどり，天然物合成の歴史の一端にふれたい [2].

3.2　Woodward らの全合成　(1954 年)

Woodward がどのように合成を進めたのか，**1** の逆合成解析を考えてみよう．当時は逆合成の概念が確立されていなかったが，おそらく Woodward の頭の中では図 3.4 のような逆合成による戦略，すなわち，**2** を経由する合成を企てたものと考えられる（図 3.4).

Woodward の **1** の合成において **2** は **4** のアリル転位から，**4** は **5**, **6**, **7**, **8**, **9** へと順次逆合成を行うことによって出発物質，2–ベラトリルトリプタミン **10** とグリオキシル酸エチルエステルにたどり着く．二置換インドール **10** はアセトベラトロン **12** とフェニルヒドラジン **11** との Fischer インドール合成で得られる 2–ベラトリルインドール **13** の 3 位に 2–アミノエチル側鎖を導入することによっ

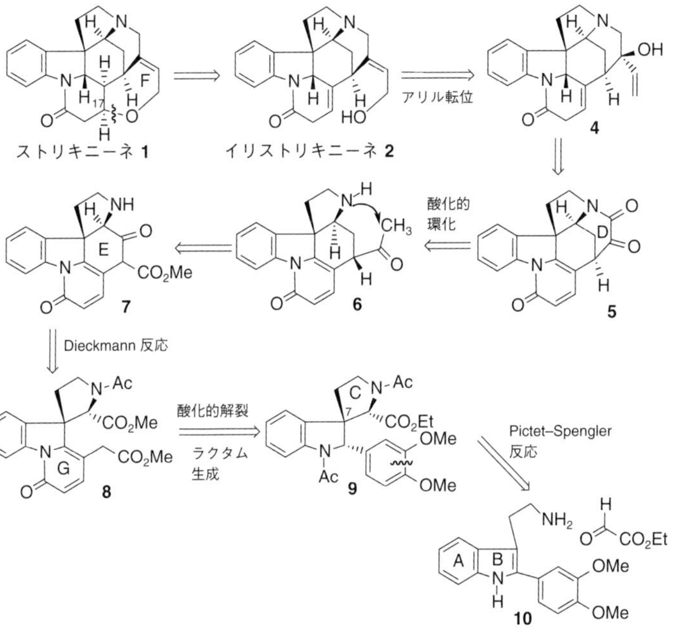

図 3.4 ストリキニーネ **1** の逆合成

て容易に合成される（図 3.5(a)）．Woodward による **1** の全合成の最初の鍵段階はいかにして C7 位にスピロ四級中心を構築するかということである．これは **10** の合成で用いたイミニウム塩とインドールの反応（**13** のような）を **10** とグリオキシル酸エステルから生成するイミンとの分子内 Mannich 反応（**16** のような）を利用することで解決した．すなわち，反応条件の詳細な検討の結果，イミニウム基の求電子性をより強めるためにトシル酸塩化物（p-$MeC_6H_4SO_2Cl$，p-TsCl）を用いると **16** の矢印のように反応が一挙に進行しスピロ体 **17** が唯一のジアステレオマーとして得られ

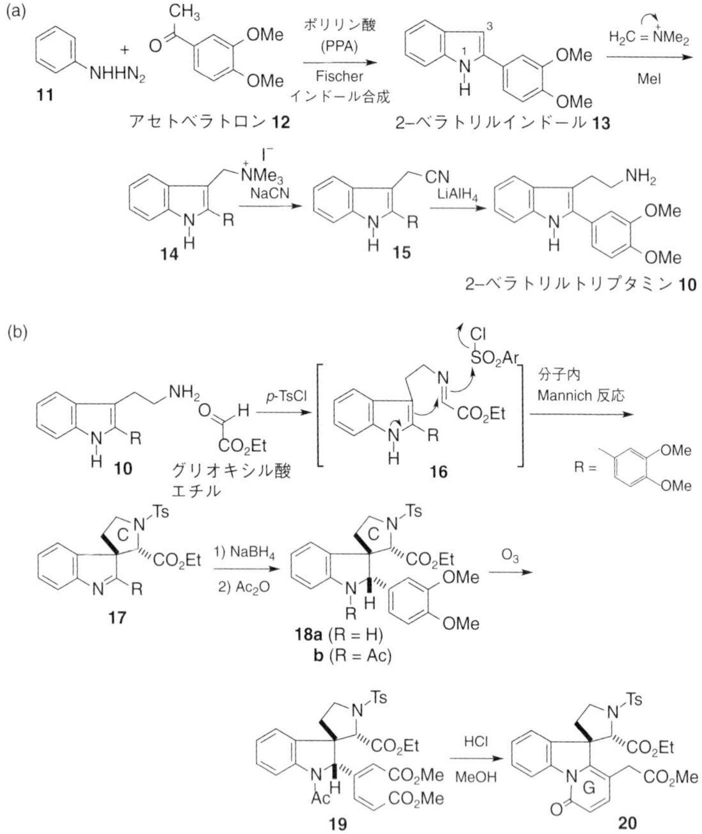

図3.5　2–ベラトリルトリプタミン **10**（a）とピリドンエステル **20**（b）の合成

た．続いて新生したイミノ基を $NaBH_4$ 還元するとより空いた β 側からの還元が起こり **18a** が生成した．これを *N*–アセチル化するとスピロインドリン **18b** が得られた．この一連の反応によって **1** の C 環が構築されたことになる．次の G 環構築も実に独創的なもの

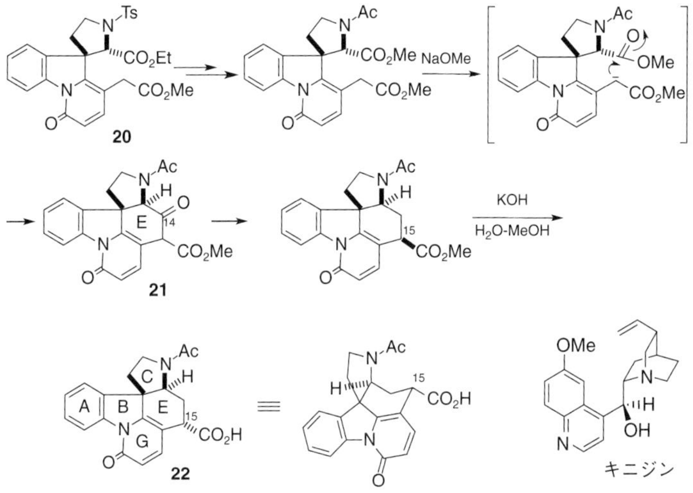

図 3.6 五環性中間体 **22** の合成

で驚嘆に値する．ここまでは **10** のベラトリル基は求電子剤，イミニウムイオンがインドールの3位に直接攻撃するように2位を保護する役目を果たしてきたが，Woodwardはベラトリル基のジメトキシ基で活性化されたベンゼン環の更なる有効利用を考えていた．すなわち **18b** のベンゼン環をオゾン酸化でムコン酸ジエステル **19** へ酸化開裂後，メタノールと塩酸で処理してラクタムG環を構築し **20** を得たのである（図 3.5(b)）．このようにしてインドール2位のジメトキシベンゼン環はストリキニーネの骨格に組み込まれたのである（**18**–**19**–**20**）．

次いでジエステル **20** のDieckmann反応によりE環を構築し五環性化合物 **21**（図 3.4 の化合物 **7** に相当）を得た（図 3.6）．このC14位のカルボニル基を還元し，C15位のエステルを加水分解する

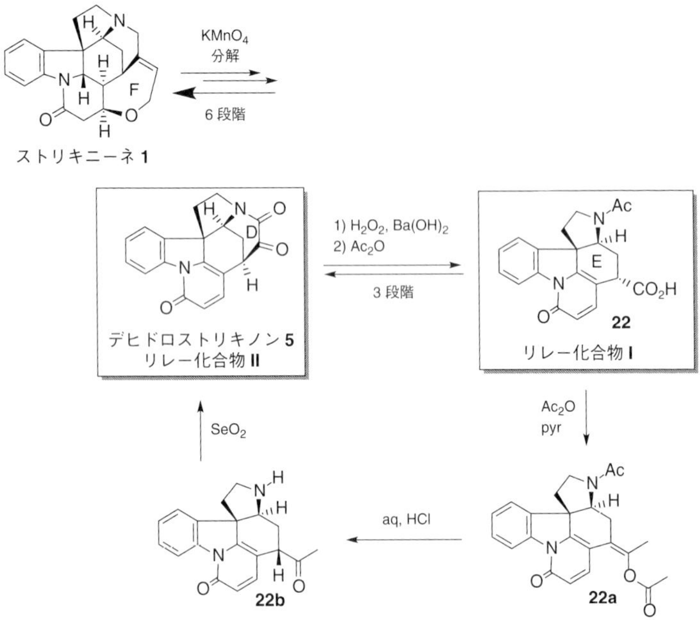

図3.7　ストリキニーネの分解：リレー化合物 **I** と **II** の生成

と同時にC15位のエピメリ化も進行し，重要五環性中間体 **22** が生成した．ここまでに合成された中間体はすべてラセミ体であったが，**22** はキニジン（quinidine）を用いて光学活性体（−)-**22** に光学分割した．

化合物 **22** は Woodward がストリキニーネ **1** の分解反応によって得ていたリレー化合物 **I** と同じ化合物である（図3.7）．すなわち，リレー化合物 **I**（**22**）は **1** の $KMnO_4$ 酸化に続く数段階の反応を経て生成するリレー化合物 **II**，すなわちデヒドロストリキノン **5** の酸化によって得られた化合物である．逆に，リレー化合物 **II**（**5**）は

5
リレー化合物 II

$HC{\equiv}CNa$

23

H_2 /Lindlar
触媒

$LiAlH_4$

24

1) HBr, AcOH
2) H_2SO_4, H_2O
アリル転位

イソストリキニーネ 2

KOH
EtOH

(−)-ストリキニーネ 1

図 3.8 Woodward の(−)-ストリキニーネ 1 の全合成

リレー化合物 **I**（**22**）からエノールアセタート **22a**，アミノケトン **22b** を経る 3 段階で合成することができた．そこでリレー化合物 **II**（**5**）からストリキニーネ **1** への化学的変換経路が確立されれば，**1** の全合成が達成されたことになる．

このような手法は**リレー合成**（relay synthesis）とよばれ，Woodward の独創によるものである．

そこで図 3.8 に示すように最後の F 環構築に必要なヒドロキシエチリデン側鎖は **1** の分解から得られる **5**（リレー化合物 **II**）とアセチレンアニオン（アセチリド）との反応により得ることとした．生成したカルビノール **23** のアルキンを Lindlar 触媒で二重結合に還元した後，$LiAlH_4$ 還元に付すと，D 環のアミドカルボニル基の還元ばかりではなく，α–ピリドン環（G環）もジヒドロ体に還元されて望む立体構造をもつ六員環化合物**24**が生成した．**24**からイソストリキニーネ**2**へのアリル転位は強力な酸性条件を必要とし，低収率であったが成功した．最後に**2**はエタノール中KOHによってストリキニーネ**1**に異性化し，ここに（−)–**1**の最初の全合成が完成した [3]．

ここではすべての段階を詳しく説明できなかったが，このようにしてWoodwardはおよそ30段階を要して（−)–**1**の全合成を世にさきがけて達成した．なかには収率の低い反応段階も少なくなかったが，当時の化学水準を考えれば，現在でもなお目を見張る驚異的な成果であり，歴史に残る天然物全合成の一つとして感動を与えている．

3.3　Magnusらの全合成（1992年）

40年近い沈黙を破ってP. Magnusによる第2のストリキニーネ全合成が発表された [4]．その合成戦略を図3.9に示す．

Woodwardと異なり，Magnusの逆合成はまずG環のN−CO結合を切断しWieland–Gumlichアルデヒド**3**に導くことから始め，最終的な出発物質として入手容易なトリプタミン**25**と2–オキソグルタル酸ジメチルエステル**26**にたどり着いた（図3.9）．

Woodwardの合成では2位に置換基を有するトリプタミン**10**とグリオキシル酸エチルエステルとの反応により，スピロインドレニン**17**，すなわちC環を得たが，Magnusは2位に置換基のないトリプタミン**25**と2–オキソグルタル酸ジメチルエステル**26**を同様に反応させた．図3.10に示すようにまず**25**と**26**の脱水反応でイミン**27**が生成し，続く分子内Mannich反応でスピロインドレニン**28**

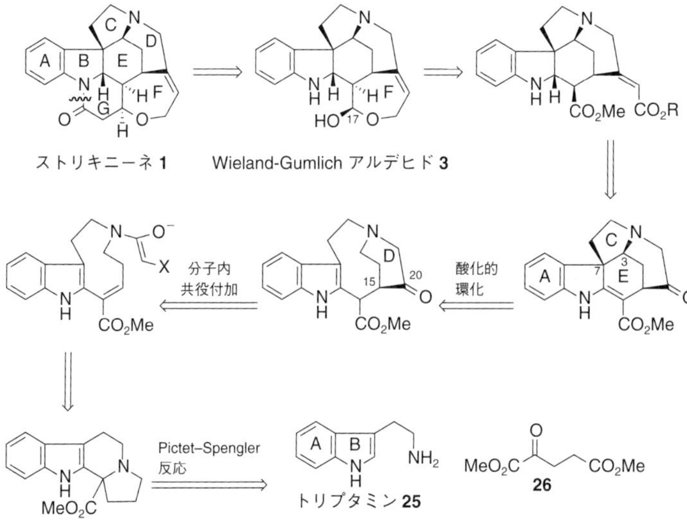

図 3.9 Magnus の逆合成

が生成するが，2 位に置換基がないために，矢印で示すような 2 位への転位がただちに起こり，β-カルボリン **29** が生成（Pictet–Spengler 反応）した．次に **29** の分子内環化によって得た五員環アミド **30a** のアミドカルボニルを還元してアミン **30b** へ導いた．アミン **30b** は酸塩化物と反応し矢印で示されるような環拡大反応を経て **31** に変換される．続いて **31** のアミドエノラートによる分子内共役付加によって，四環性化合物 **32** が生成した．さらに **32** をケタール体 **33** へ導き酢酸水銀(II)で酸化すると **34** に示すように生成するイミニウムとインドールの分子内 Mannich 反応によって C 環と同時に E 環も形成され **35** が一挙に構築された．**35** は **36** を経て数工程でリレー化合物 **III** に導くことができた．これはストリキニーネ前駆物質である Wieland–Gumlich アルデヒド **3** から導かれ

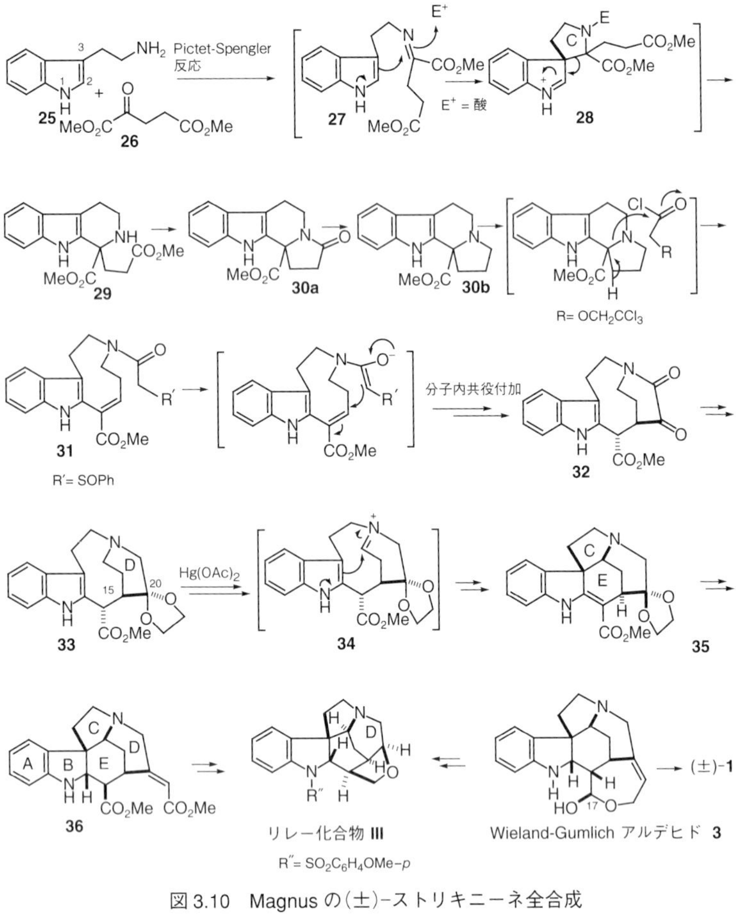

図 3.10　Magnus の(±)-ストリキニーネ全合成

たリレー化合物 **III** と一致した．このようにして Wieland-Gumlich アルデヒド **3** を経て(±)-ストリキニーネ **1** の全合成に成功した．Magnus らの合成ルートは基本的には Woodward らの手法（鍵反応：**27, 34**）と Magnus らの開発した鍵反応（**30b** から **31**）を利用している．これらのルートもすべての反応が決して効率のよいものではなく，28 段階で収率 0.03% であるが，2 番目の全合成を達成したことによる影響は大きく，その後多くの研究グループがストリキニーネ合成に挑戦するきっかけになった．

3.4 Overman らの不斉全合成（1993 年）

L. E. Overman らは化合物 **37** が Aza-Cope（アザ・コープ）転位と分子内 Mannich 反応を経て，1 段階でアシル置換ピロリジン **38** になることを見いだした．この反応を利用して多くの天然物不斉全合成に成功している．

HO N+ **37** Aza-Cope 転位 [3,3] シグマトロピー転位 HO N+ Mannich 反応 O H N **38**

Overman らはこの反応を以下のようにうまく利用し，**1** の五環性ストリキナン骨格を構築した（図 3.11）．出発原料は酵素による光学分割で得られた純粋なエナンチオマー **39** を用いた．**39** より辻–Trost 反応，小杉–右田–Stille カップリング（用語解説参照）によって **42** を合成した．これをホルムアルデヒドと反応させるとイミニウムイオン **43** から **45** への連続反応が進行した．その後数工程を経て，3 番目のストリキニーネ全合成を達成した．1993 年に発表されたこの合成は光学活性な **39** から（−)–ストリキニーネ **1** を合成した最初の不斉全合成であり，24 段階でその全収率は約 3% という驚異的なものであった．これは Woodward の全収率をはるかに超えるものであった [5]．

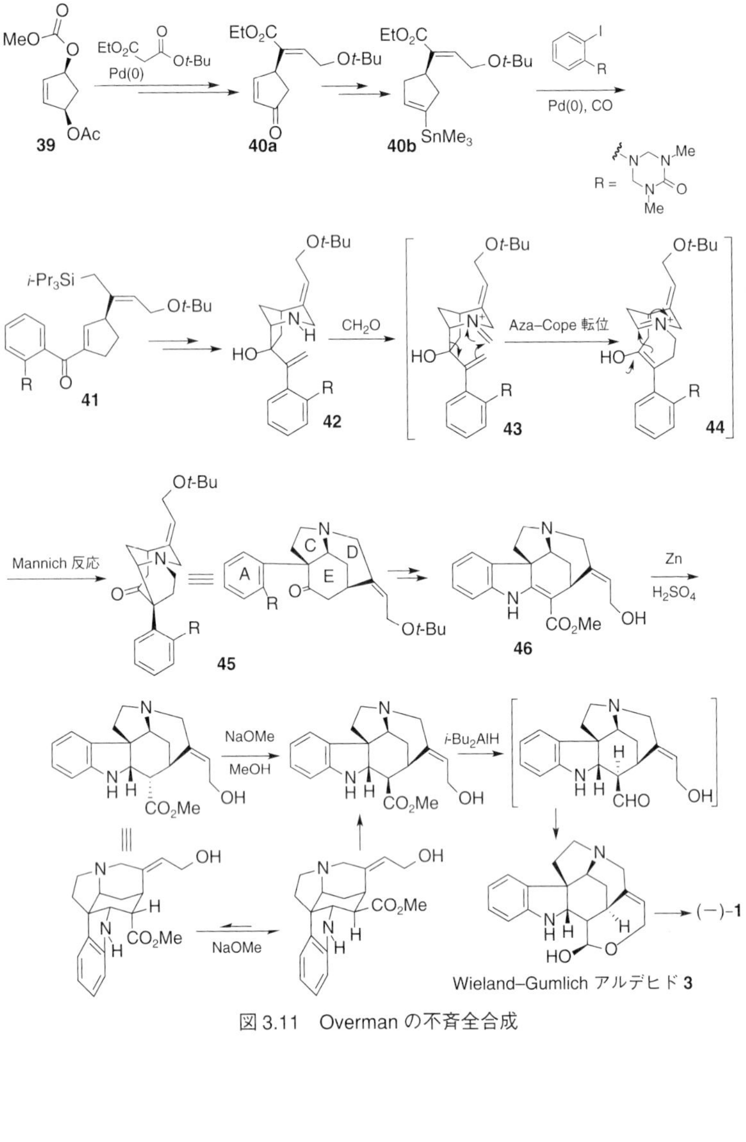

図 3.11　Overman の不斉全合成

用語解説

辻–Trost 反応

アリル化合物は Pd(0) への酸化的付加により π–アリルパラジウム錯体 **I** を生成する．辻–Trost 反応は **I** に種々の求核剤が反応し **II** を生成する反応である．反応例として，π–アリルパラジウム錯体に炭素求核剤であるマロン酸エステルが求核攻撃すると，アリルマロン酸エステルが得られる．

R–CH=CH–CH₂–X →(Pd(0)) **I** →(求核剤 (Nu–H), 塩基; –Pd(0)) R–CH=CH–CH₂–Nu **II**

例：

π-allyl–Pd–OAc + $CH_2(CO_2Me)_2$ →(求核攻撃, NaH; –H_2) [Na⁺ ⁻$CH(CO_2Me)_2$ / π-allyl–Pd–OAc] → allyl–$CH(CO_2Me)_2$ + Pd(0) + AcONa

小杉–右田–Stille カップリング反応

小杉–右田–Stille カップリング反応はパラジウム触媒による交差カップリング反応のなかで，最も一般的な反応の一つである．アリール，ベンジル，ビニル，アルキニルのハロゲン化物およびトリフラートとアリールやヘテロアリールスズ化合物とのカップリング反応である．

R^1–Sn(アルキル)$_3$ ＋ R^2–X →(Pd(0) 触媒的) R^1–R^2

例：

2-(トリブチルスタンニル)ピリジン ($SnBu_3$) ＋ 4-ブロモピリジン (Br) →(Pd(0)) 2,4'-ビピリジン

3.5 Rawal らの全合成 (1994 年)

翌 1994 年 V. H. Rawal らはまったく独自の合成経路を開発し，さらに驚くべき結果を発表した．その逆合成解析を図 3.12 に，全合成を図 3.13 に示す．

市販品 **47** から 5 段階で得られるピロリジン誘導体 **48** をジエン–カルバマート **49** に導くと比較的穏和な条件で分子内 Diels–Alder 反応が起こり，完全な立体制御のもと一挙に四環性化合物 **50** が単一異性体として高収率で生成した．これを重要中間体 **51** に変換した．次に D 環を構築するために **51** を *N*–アリル化した後有機パラジウム錯体を用いる反応を導入した．すなわち，**52** の溝呂木–Heck 反応（用語解説参照）を行うとイソストリキニーネ **2** が高収率で

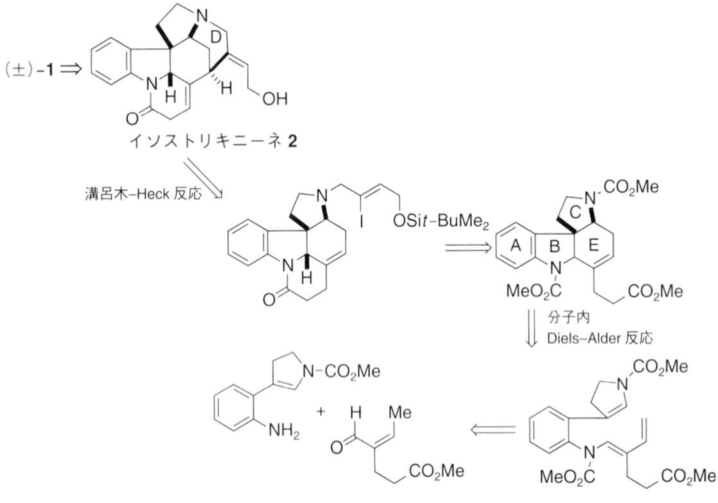

(±)-**1** ⟹ イソストリキニーネ **2**

溝呂木–Heck 反応

OSi*t*-BuMe$_2$

分子内 Diels–Alder 反応

図 3.12　Rawal の逆合成解析

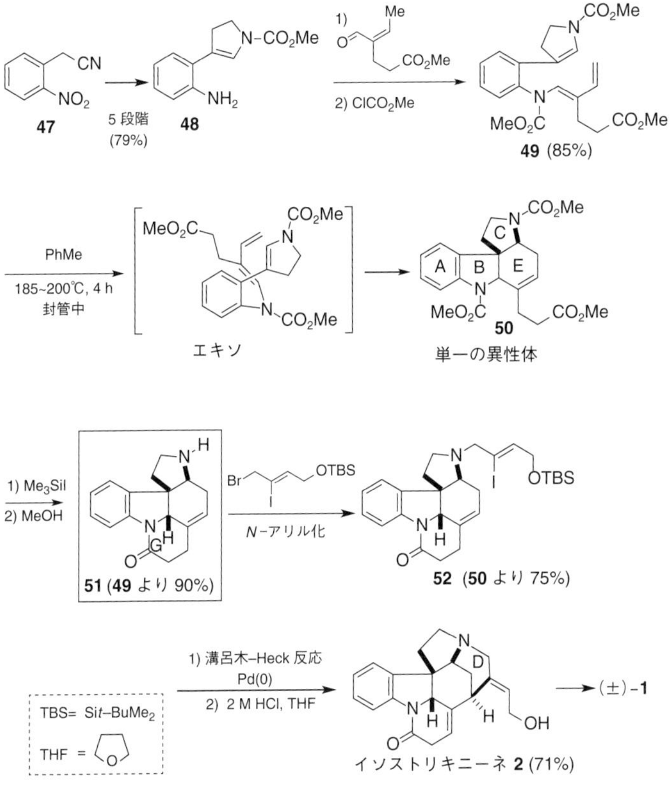

図 3.13 Rawal の全合成

得られ，これよりラセミ体 (±)-**1** の合成を完成した（15 段階，総収率 10%）[6]．この反応経路は有機パラジウム金属化学反応をとり入れた短く効率的で，またすべての立体中心が制御された合成法である．

用語解説

溝呂木–Heck 反応

パラジウム（Pd(0)）錯体を触媒として塩基存在下，ハロゲン化アリールまたはハロゲン化アルケニルでアルケンの水素を置換する反応である．2010年，Heck はこの反応の発見および開発の功績により，ノーベル化学賞を受賞した．

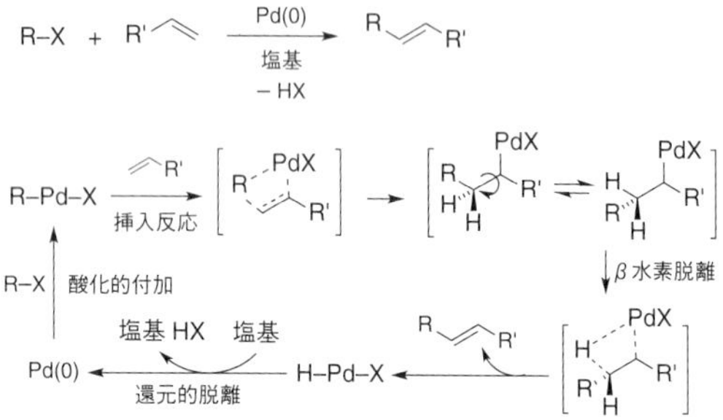

3.6　Kuehne らの全合成（1998年）

M. E. Kuehne らはピロロカルバゾール誘導体 **53** を鍵中間体とする2つの経路によるストリキニーネ **1** の全合成を達成した（図3.14）．最初の合成経路はイソストリキニーネ **2** を経るラセミ体(±)–**1** の全合成（1993年）であったが，1998年に達成した2番目の全合成は Wieland–Gumlich アルデヒド **3** を経由する新規エナンチオ選択的な光学活性体（−)–**1** の全合成である．

光学活性な鍵中間体 **53** の合成は図3.15に示すような逆合成解析に基づき，出発物質として光学的に純粋な L–トリプトファン誘導体 **61** と2,4–ヘキサジエナール **62** を利用している．**61** と **62** から生成するイミニウム塩 **60** は，分子内 Mannich 反応により **59** とな

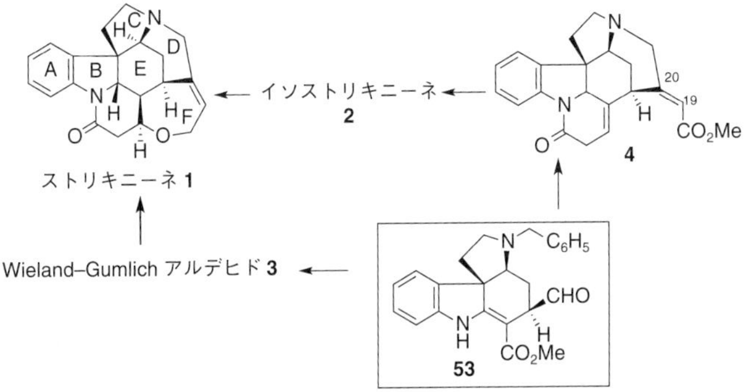

図 3.14 中間体 **53** を経る Kuehne の合成経路

り，次いで［3,3］シグマトロピー転位により **58** が，さらにその分子内 Mannich 反応が連続して起こると，有用な官能基を有する **53** の ABCE 環骨格が一挙に構築されると想定した（図 3.15）．

この解析に基づいた合成が実際に進行し，想定した四環性化合物 **57** が得られた（図 3.16）．**57** より C 環のメトキシカルボニル基を除去して得られた **63** の側鎖の二重結合を酸化的に切断すると，光学活性な鍵中間体 **53** が得られた．次に D 環を構築するために α-アルコキシスタナン **64** と BuLi から発生させヒドロキシメチル基を導入し，生じたアルコールをケトン **65** に酸化した．*p*-トルエンスルホン酸（*p*-TSA）で **65** の保護基 EE を加水分解した後，*p*-トルエンスルホン酸無水物（Ts_2O）でトシル体 **66** とした．続いてアミノ基上のベンジル基を還元的に除去すると容易に D 環への環化が進行し **68** が生成した．**68** を Honer–Emmons 反応にかけるとジエステル **36** が得られたが，これは Magnus らがラセミ体（±)-**1** を全合成した際の重要中間体である（図 3.10）．Kuehne らの方法による光学活性な（−)-**1** の全合成は，L-トリプトファン誘導体 **61**

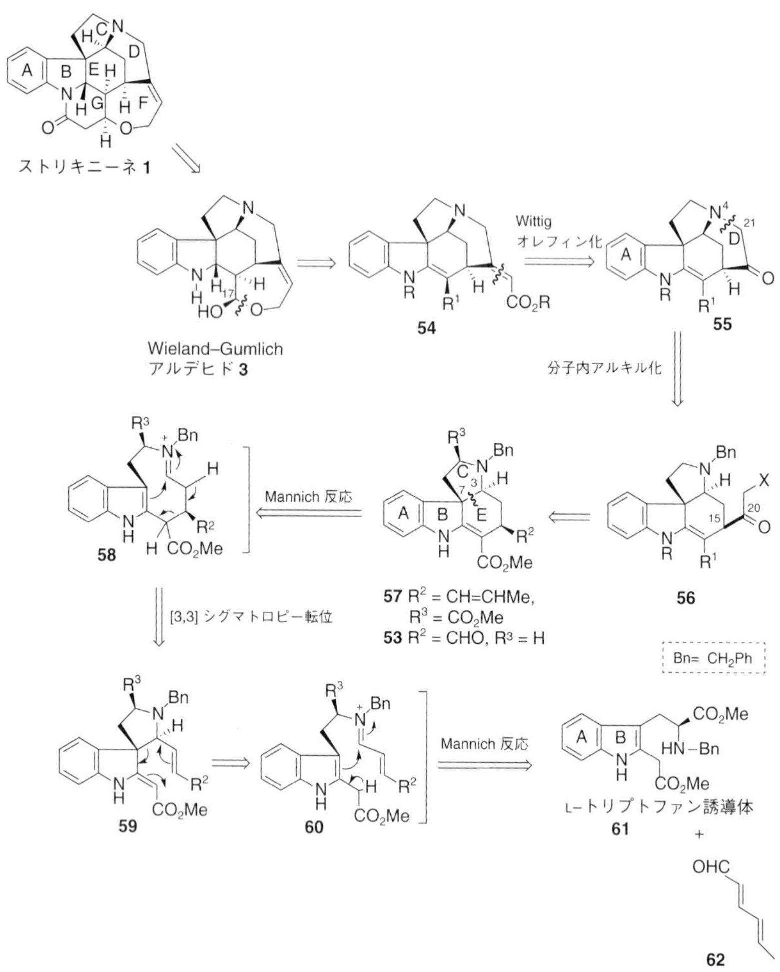

ストリキニーネ 1

Wieland–Gumlich アルデヒド 3

54

Wittig オレフィン化

55

分子内アルキル化

56

57 R^2 = CH=CHMe, R^3 = CO_2Me

53 R^2 = CHO, R^3 = H

Mannich 反応

58

[3,3] シグマトロピー転位

59

60

Mannich 反応

L–トリプトファン誘導体 61

\+

62

Bn= CH_2Ph

図 3.15　Kuehne の逆合成解析

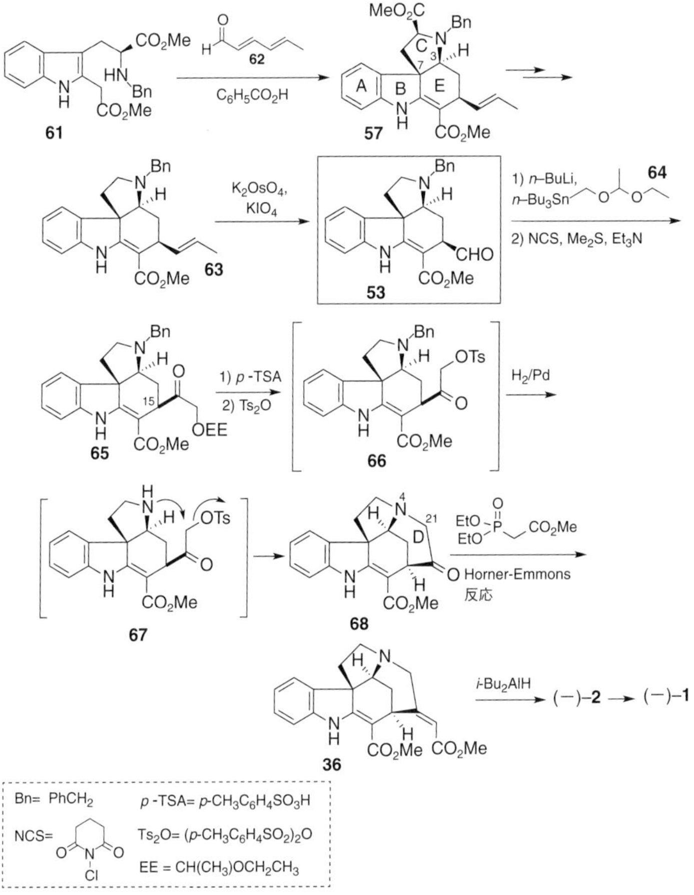

図 3.16　Kuehne のストリキニーネ全合成

から出発して 14 段階で，全収率は 5.3% であった [7]．このようにストリキニーネの全合成は進歩し，もうこれ以上の短縮された合成は困難ではないかとさえ思われたが，2000 年に入り，まだまだストリキニーネ全合成への挑戦は続いていた.

3.7 Bodwellらの全合成（2002年）

通常のDiels–Alder反応は電子豊富なジエンと電子不足の求ジエン体との付加環化反応であるが，ジアジンは芳香族性が低下しているために，環状アザジエンとしての反応性を示すようになり，電子豊富な求ジエン体（アルケン）があると逆電子要請型のDiels–Alder反応が起こる．G. J. Bodwellらはシクロファン**69**を加熱すると分子内逆電子要請型のDiels–Alder反応が起こり，得られた生成物**70**がRawalらのストリキニーネ合成中間体（たとえば，**51**）に類似していることに気づいた（図3.17）．早速トリプタミンと3,6–ジヨードピリダジンとの反応，続くインドールの*N*–アリル化により**71**を得る．ついで第二級アミンをメトキシカルボニル化した後，ヒドロホウ素化を経て鈴木–宮浦カップリング反応（用語解説参照）にかけるとシクロファン**72**が得られた．そこで**72**を*N*,*N*–ジエチルアニリン中で加熱すると予想どおりの分子内Diels–Alder反応が起こり，一挙に五環性重要中間体**73**が生成した．この化合物はCF_3CO_2H中で$NaBH_4$還元した後，二クロム酸ピリジニウム（pyridinium dichromate：PDC）で酸化するとRawalらの中間体**51**に誘導できるので，イソストリキニーネ**2**を経由したストリキニーネ**1**の合成につながる．このようにしてBodwellらは2002年，市販品からわずか12段階，2.6%で（±)–**1**の全合成に成功した [8].

3.8 Vanderwalらの全合成（2011年）

1–クロロ–2,4–ジニトロベンゼンにピリジンを加えるとピリジン

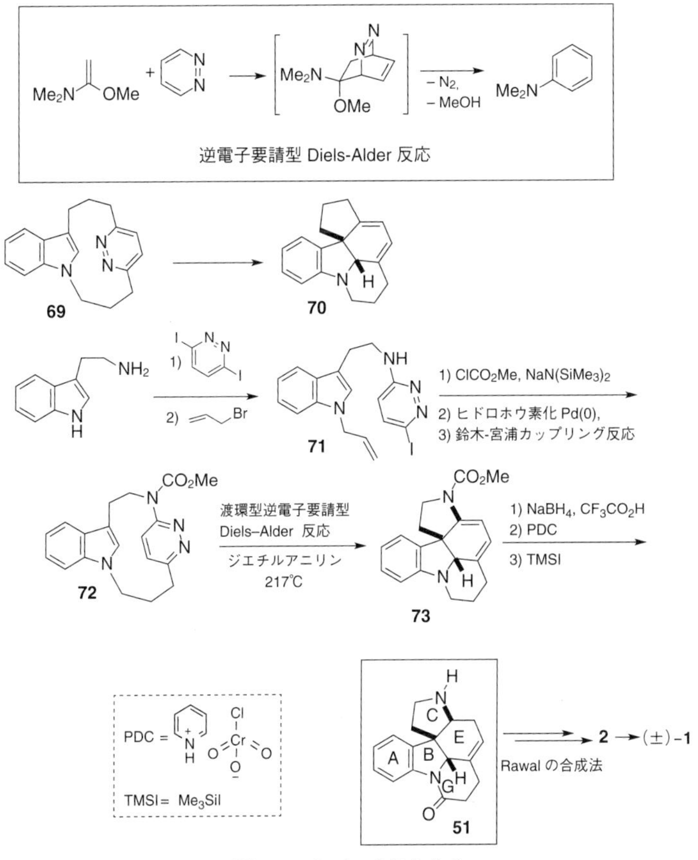

図 3.17 Bodwell の全合成

による求核攻撃が起こり Zincke 塩とよばれるピリジニウム塩が生成する．これは第二級アミンのような求核剤によって求核的開環が起こり，さらにアルカリ加水分解によって Zincke アルデヒドになることが知られている．

用語解説

鈴木–宮浦カップリング反応

パラジウム触媒と塩基などの求核種の作用により，有機ホウ素化合物とハロゲン化アリールを交差カップリングさせて非対称ビアリール（ビフェニル誘導体）を得る化学反応のことである．芳香族化合物の合成法としてしばしば用いられる反応の一つである．この反応の発見と開発の功績により，鈴木 章は2010年のノーベル化学賞を受賞した．

基質として，芳香族化合物のほか，ビニル化合物，アリル化合物，ベンジル化合物，アルキニル誘導体，アルキル誘導体なども利用できる．

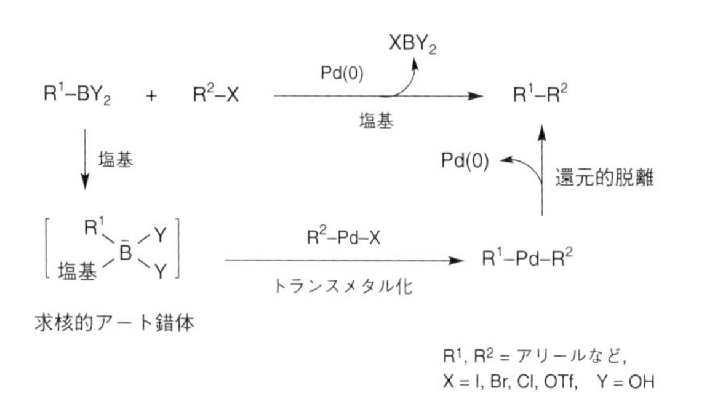

2011年C. D. Vanderwalらは市販品の安価な出発物質（トリプタミン，ピリジン，1,4–ブチンジオール **74**）から合成経路わずか6段階という，さらに驚くべき直線的短経路ストリキニーネ (±)–**1** 全合成に成功した（図3.18）．まず系中で発生するトリプタミン由来のZinckeアルデヒド **75** の分子内Diels–Alder反応により一挙に四環性中間体 **76** を得た．**76** の *N*–アリル基の除去によって得た **77** を，**78** で再度 *N*–アリル化 **79** する．次に **79** のBrook転位（用語解説参照）と続く **80** の矢印のような環化が起こりD環，F環を一挙に構築しWieland–Gumlichアルデヒド **3** に導いた．最後は **3** よ

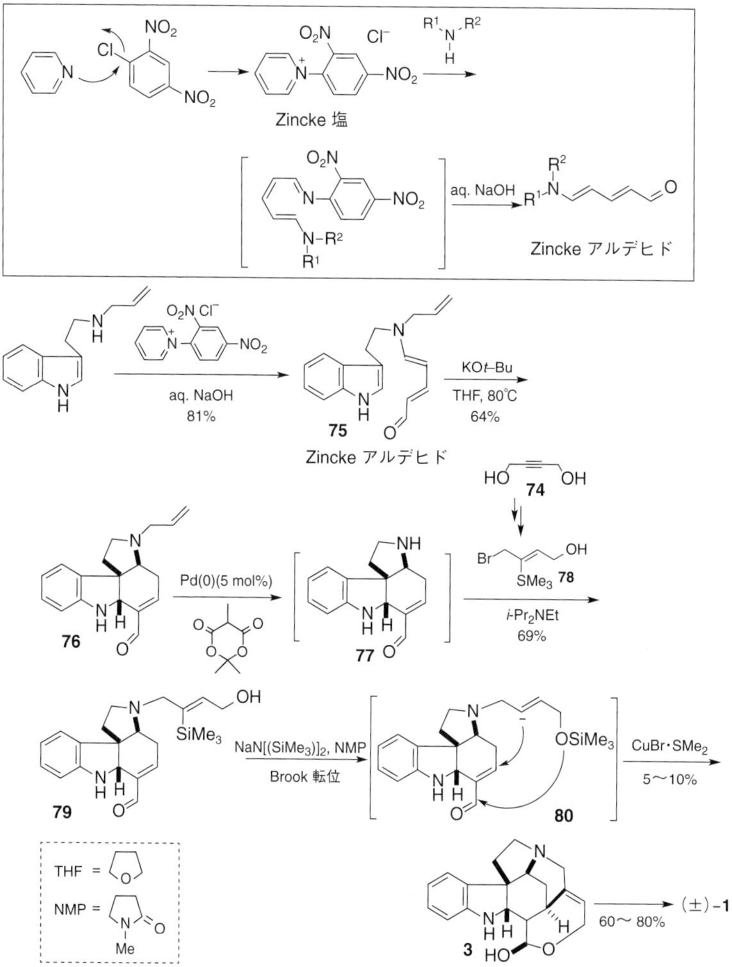

図 3.18　Vanderwal らの全合成の鍵反応

用語解説

Brook 転位（Brook rearrangement）

ヒドロキシ基をもつ有機ケイ素化合物に塩基を作用させ，シリル基を炭素上から酸素上に移してシリルエーテルを得る反応.

O^-　SiR_3　—Brook 転位→　$O-SiR_3$

り既知の方法でストリキニーネ（±)-**1** の全合成を完成した［9］.

3.9　Reissig らの全合成（2010年）

H. Reissig らは1994年に Rawal らによって最初に合成された重要中間体 **51** は四環性化合物 **81** に逆合成されることに注目した（図3.19）．この鍵化合物は **82** とヨウ化サマリウム（SmI_2）との反応を巧妙に利用することによって合成できると想定した．実際に市販の 3-インドリルアセトニトリルと 4-オキソピメリン酸モノエステルによる *N*-アシル化反応によって **82** を合成し，SmI_2 を加えると，インドール環へのケチルラジカルの環化に続く，一電子還元によって生成した中間体 **83** の分子内アシル化反応によって予想どおり一挙に四環性化合物 **84** がジアステレオ選択的に得られた．この反応だけで，新たに2つの環（G, E）と3つの立体中心を構築することに成功したのである．次にC環を合成するために，Raney ニッケル触媒のもと水素雰囲気下で処理するとニトリルの還元で生成したアミンが，カルボニルと脱水縮合し，さらにイミンの還元が一挙に進行して，ピロリジン環（C環）**85** が生成した．これより既知

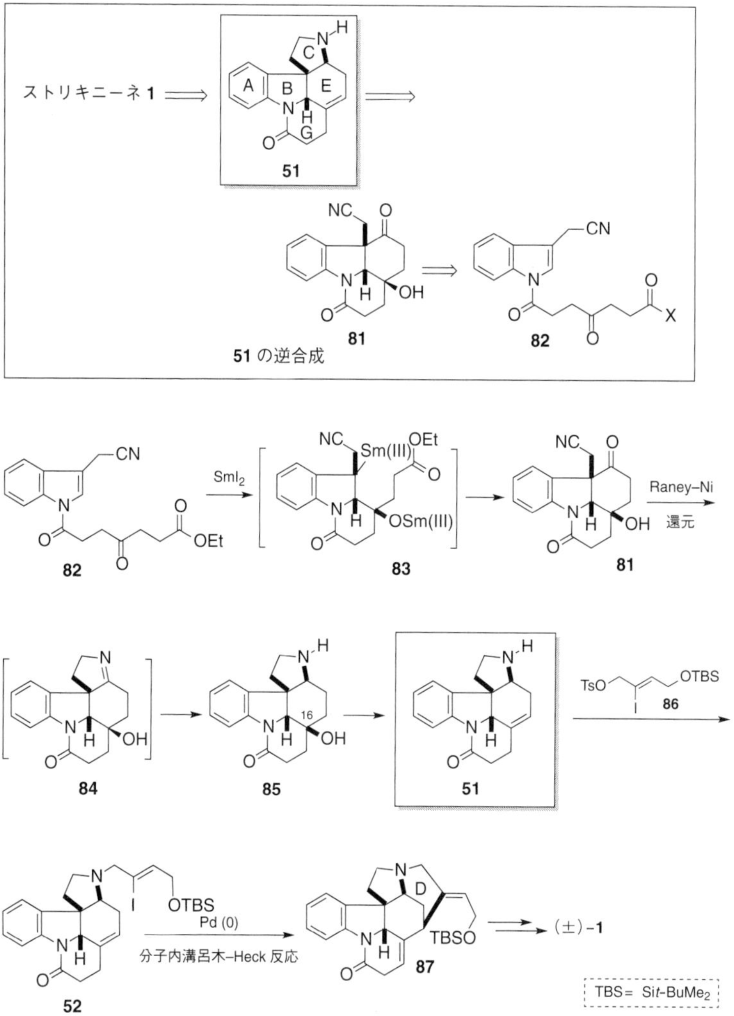

ストリキニーネ 1 ⟹ 51 ⟹

81 ⟹ 82

51 の逆合成

82 → (SmI_2) → [83] → 81 → (Raney–Ni 還元) →

[84] → 85 → 51 → (TsO–86–OTBS) →

52 → (Pd (0)、分子内溝呂木–Heck 反応) → 87 ⟹ (±)-1

TBS = Si*t*-BuMe$_2$

図 3.19　Reissig らの全合成

のRawalらの中間体**51**に導くことができ，ストリキニーネの形式合成が達成されたことになる．この合成経路は市販化合物からわずか7段階であり，しかも各段階の収率も良好である．次にD環構築に必要な側鎖を導入するために，Reissigらはほぼ Rawalらの方法に従って五環性アミン**51**をトシル体**86**でアリル化し，既知のストリキニーネ前駆物質**52**に導いた．最後に分子内溝呂木–Heck反応によってD環を構築しイソストリキニーネ誘導体**87**を得た．**87**は2段階でストリキニーネ**1**に変換できるので，ここに市販の原料からわずか11段階で全合成に成功したことになる．この合成においても近年の有機金属化学の進歩が色濃く反映されており，巧みに金属触媒を使い分けている [10]．

そのほか日本人を含む多くの有機化学者らがこの複雑なアルカロイドの全合成に挑戦した（図3.2）．森 美和子らはすべての環形成においてパラジウム触媒を利用している特徴があり [11]，福山らの合成においても鍵反応でパラジウム触媒が活躍している [12]．次に触媒的不斉反応を用いた合成例を2つ紹介しよう．

3.10　柴崎らの触媒的不斉全合成（2002年）

柴崎正勝らは2002年シクロヘキセノンとマロン酸ジメチルエステルの触媒的不斉 Michael 反応によって光学活性なジエステル**88**を合成し，続くタンデム型環化反応により（−)-ストリキニーネのエナンチオ選択的な全合成を達成した [13]（図3.20）．

シクロヘキセノンとマロン酸ジメチルエステルの触媒的不斉 Michael 反応において，柴崎らは自ら開発したキラル触媒 ALB [AlLibis(binaphtoxide)錯体] をわずか0.1 mol%用いることによって，光学活性なジエステル**88**をキログラム以上のスケールで大量

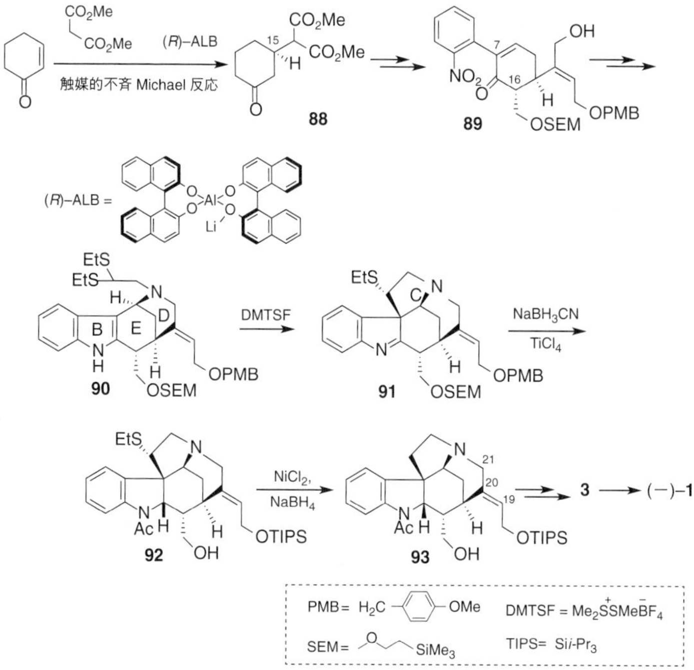

図 3.20 柴崎らの全合成

合成（90% 収率，＞99%ee）することに成功した．そこで **88** より鍵中間体 **89** に導き，ついで D 環，B 環，E 環，C 環と順次タンデム型環化反応を行うことによりキラルな五環性化合物 **91** を合成し，Wieland–Gumlich アルデヒド **3** を経由して 31 段階，総収率 2% で光学活性体 (−)-**1** の合成に成功した．

3.11　MacMillanらの有機分子触媒的不斉全合成（2011年）

D. W. C. MacMillanらは有機金属触媒の代わりにキラルな有機分子触媒を用いた不斉触媒反応を開発し，種々の天然物のエナンチオ選択的全合成を展開してきた．図3.21に示すテトラヒドロ-β-カルボリン**94**から得られる2-ビニルインドール**95**とホルミルアセチレンとの反応において，20 mol%の1-ナフチル置換イミダゾリジノン触媒**96**を共触媒トリフルオロ酢酸とともに用いると，高収率（82%）でしかも高エナンチオ選択的（97%ee）にスピロインドリン**97**が生成した．MacMillanらはこの四環性スピロインドリン**97**からわずか8段階で光学活性なストリキニーネ（−)-**1**への変換に

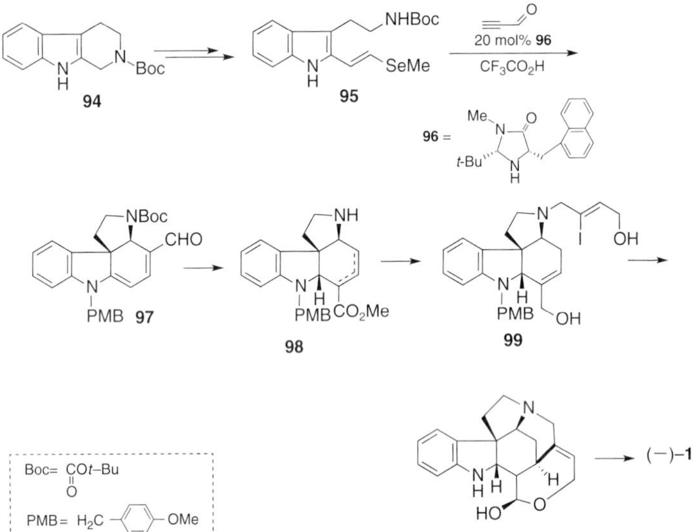

図3.21　MacMillanの全合成

成功した [14].

以上に“天然物の全合成”の代表例としてストリキニーネを取り上げ，Woodward の最初の全合成以来，この半世紀を超える全合成の変遷について，簡単に紹介してきた．一昔前には超難解な化合物であったストリキニーネの全合成は Woodward 以後誰も挑戦しないのではないかと思われていたが，その後実に多彩な合成経路が開発されてきた．ここには現代の有機化学における合成戦略の新たな流れや，有用な有機化学反応の開発とキラルな金属触媒や有機分子触媒を用いた不斉全合成が，さらには合成技術がいかに進展してきたのかを見ることができる．今後さらにどのような進展がみられるのか次世代の天然物全合成に期待したい．

参考文献

[1] Woodward, R. B., Brehm, W. J., *J. Am. Chem. Soc.*, **70**, 2107–2115 (1948). **1** の位置番号は文献 [2b] に従った.

[2] (a) Robertson, J. H., Beevers, C. A., *Nature*, **165**, 690–691 (1950).
(b) 総説：Bonjoch, J., Solé, D., *Chem. Rev.*, **100**, 3455–3482 (2000).
(c) 総説：佐藤健太郎，現代化学，**5**，42–46 (2011).

[3] (a) Woodward, R. B., Cava, M. P., Ollis, W. D., Hunge, A., Daeniker, H. U., Schenker, K. J., *J. Am. Chem. Soc.*, **76**, 4749–4751 (1954).
(b) Woodward, R. B., Ollis, W. D., Hunger, A., Daeniker, H. U., Schenker, K., *Tetrahedron*, **19**, 247–288 (1963).
(c) Dakin–West 反応：Buchanan, G. L., *Chem. Soc. Rev.*, **17**, 91–109 (1988).

[4] Magnus, P., Giles, M., Bonnert, R., Kim, C. S., McQuire, L., Merritt, A., Vicker, N., *J. Am. Chem. Soc.*, **114**, 4403–4405 (1992).

[5] (a) Knight, S. D., Overman, L. E., Pairaudeau, G., *J. Am. Chem. Soc.*, **115**, 9293–9294 (1993).
(b) *Idem*, *ibid.*, **117**, 5776–5788 (1995).

[6] Rawal, V. H., Iwasa, S., *J. Org. Chem.*, **59**, 2685–2686 (1994).

[7] (a) Parsons, R. L., Berk, J. D., Kuehne, M. E., *J. Org. Chem.*, **58**, 7482–7489 (1993).
(b) Kuehne, M. E., Xu, F., *ibid.*, **63**, 9427–9433 (1998).

[8] Bodwell, G. J., Li, J., *Angew. Chem. Int. Ed.*, **41**(7), 3261–3262 (2002).
[9] Martin, D. B. C., Vanderwal, C. D., *Chem. Sci.*, **2**, 649–651 (2011).
[10] Beemelmanns, C., Reissig, H., *Angew. Chem. Int. Ed.*, **49**, 8021–8025 (2010).
[11] Nakanishi, M., Mori, M., *Angew. Chem. Int. Ed.*, **114**, 2014–2016 (2002).
[12] Kaburagi, Y., Tokuyama, T., Fukuyama, T., *J. Am. Chem. Soc.*, **126**, 10246–10247 (2004).
[13] Ohshima, T., Xu, Y., Takita, R., Shimizu, S., Zhong, D., Shibasaki, M., *J. Am. Chem. Soc.*, **124**, 14546–14547 (2002).
[14] Jones, S. B., Simmons, B., Mastracchio, A., MacMillan, D. W. C., *Nature*, **475**, 183–188 (2011).

コラム5

アカネ科薬用植物から単離されたトラマドールは天然物か？　合成品か？

トラマドールは“非麻薬”の弱オピオイドで疼痛薬としての使用が近年急増している．構造は*cis*-2-[(ジメチルアミノ)メチル]-1-(3-メトキシフェニル)シクロヘキサノールと比較的単純な骨格であり，半世紀も前にドイツの化学者はモルヒネをもとに創製した合成鎮痛薬である．2013年，本医薬品がカメルーン産の薬用植物 *Nauclea latifolia*（アカネ科）の根皮から天然アルカロイドとして発見された [1]．本論文中ではその生合成経路も提唱されている．これが事実であれば，創薬化学が天然物を先取りした希有な例である．この論文が発表された翌年，別のグループがその由来に関して異なった見解を示した [2]．すなわち，本薬用植物が自生する近辺の土壌やその他の植物からもトラマドールが検出され，この地域で飼育されている家畜にトラマドールが与えられていたことから，その排泄物を根が吸収し本品が植物体内に蓄えられたものであると報告した．さらに，2016年同研究グループは植物由来のトラマドール中の ^{14}C の存在比を調査し，その結果2013年に天然物として報告されたアルカロイドは合成品であると結論づけた [3].

練習問題

問1　イソストリキニーネ**2**をEtOH中KOHと加熱するとストリキニーネ**1**に異性化する．この反応機構を説明しなさい．（分子内Michael反応を考えよ．）

KOH
EtOH
加熱

イソストリキニーネ**2**　　ストリキニーネ**1**

H_3CO
HO
$N(CH_3)_2$

トラマドール
tramadol

[1] Boumendjel, A., Taiwe, G. S., Bum, E. N., Chabrol, T., Beney, C., Sinniger, V., Haudecoeur, R., Marcourt, L., Challal, S., Queiroz, E. M., Souard, F., Borgne, M. J., Lomberget, T., Depaulis, A., Lavaud, C., Robins, R., Wolfender, J. L., Bonaz, B., Waard, M. D., *Angew. Chem. Int. Ed.*, **52**, 11780–11784（2013）.

[2] Kusari, S., Tatsimo, S. J. N., Zuhlke, S., Talontsi, F. M., Kouam, S. F., Spiteller, M., *Angew. Chem. Int. Ed.*, **53**, 12073–12076（2014）.

[3] Kusari, S., Tatsimo, S. J. N., Zuhlke, S., Spiteller, M., *Angew. Chem. Int. Ed.*, **55**, 240–243（2016）.

（千葉大学大学院薬学研究院教授　高山廣光）

問2　デヒドロストリキノン**5**（リレー化合物**II**）をH_2O_2，$Ba(OH)_2$と反応させた後，Ac_2Oでアセチル化すると**22**（リレー化合物**I**）になる．この反応機構を説明しなさい．

1) H_2O_2, $Ba(OH)_2$
2) Ac_2O

デヒドロストリキノン**5**
リレー化合物**II**

22
リレー化合物**I**

コラム6

“フェアリーリング”の謎を化学で解く

芝が輪状に周囲より色濃く繁茂し，時には枯れ，後にキノコが発生する現象は，フェアリーリング（fairy rings，妖精の輪，図1）とよばれている［1］．

この原因を調べるため，フェアリーリング形成菌コムラサキシメジの液体培養を行い，シバ成長促進活性物質2–アザヒポキサンチン（2–azahypoxanthine: AHX，**1**）と成長抑制物質イミダゾール–4–カルボキサミド（imidazole–4–carboxamide: ICA，**2**）を見いだした．また，**1**は植物に取り込まれると，2–アザ–8–オキソヒポキサンチン（2–aza–8–oxohypoxanthine: AOH，**3**）に酸化されることを明らかにした．これら3化合物はフェアリー化合物（fairy chemicals: FSc）とよばれる（図2）［2］．

5–アミノイミダゾール–4–カルボキサミド（5–aminoimidazole–4–carboxamide: AICA，**4**）は生物共通のプリン代謝経路上にあるが，この化合物のさらなる代謝は不明であった．そこで天然物**1**, **4**, **3**を化学合成し，かつラベル体**5**，二重ラベル体**6**, **7**を合成した．種々実験の結果，合成されたFScは調べたすべての植物中に内生していることが証明された［3］．その内生量は，**1**はすべての植物や多くのキノコに，**3**も一部に内生が確認された．**5**が植物に取り

問3　D環を構築するために溝呂木-Heck反応がしばしば利用されている．Rawalらの図3.13に示される**52**からイソストリキニーネ**2**への例をとり，反応機構を簡単に説明しなさい．

込まれると**6**, **7**になることが確認され，生合成経路も証明された（図2）．FScの植物における普遍的存在や成長促進活性から，これらが新しい“植物ホルモン”であると提唱し，それを証明するべく研究が行われている．

FScは，コメ，コムギなどの穀物や野菜類の収量を大幅に増加させる［4］．しかも，低温，高温，塩，乾燥などの悪条件でさらに効果を発揮する．現在，

図1　芝に現れたフェアリーリング
（http://en.wikipedia.org/wiki/File:Hexenring_auf_einer_Wiese,_Sperrberg,_Niedergailbach.JPG）

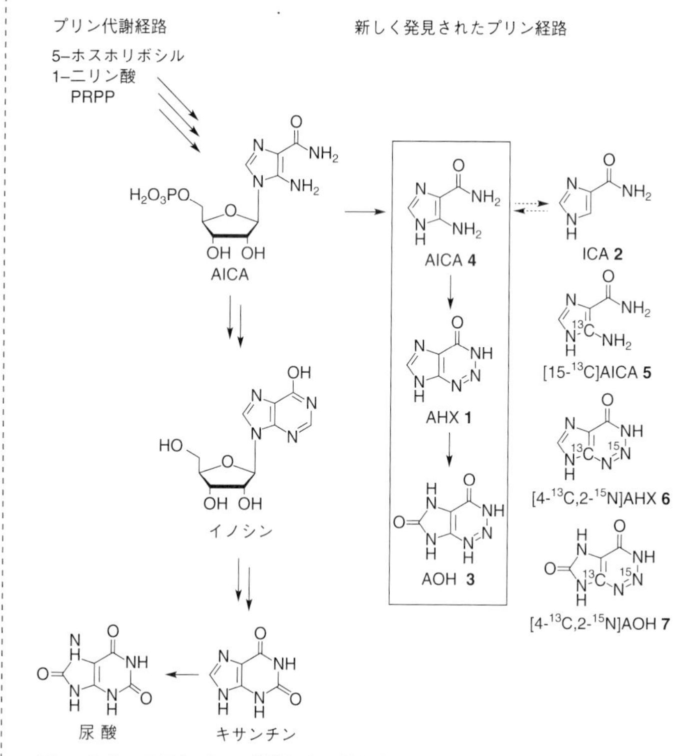

図2　生物に共通なプリン代謝経路と植物中で発見された新経路と新代謝産物

実用化に向けての研究が行われている.

[1] Evershed, H., *Nature*, **29**, 384–385 (1884).
[2] Choi, J-H., Fushimi, K., Abe, N., Tanaka, H., Maeda, S., Morita, A., Hara, M., Motohashi, R., Matsunaga, J., Eguchi, Y., Ishigaki, N., Hashizume, D., Koshino, H., Kawagishi, H., *ChemBioChem*, **11**, 1373–1377 (2010).
[3] Choi, J-H., Ohnishi, T., Yamakawa, Y., Takeda, S., Sekiguchi, S., Maruyama, W., Yamashita, K., Suzuki, T., Morita, A., Ikka, T., Motohashi, R., Kiriiwa, Y., Tobina, H., Asai, T., Tokuyama, S., Hirai, H., Yasuda, N., Noguchi, K., Asakawa, T., Sugiyama, S., Kan, T., Kawagishi, H., *Angew. Chem. Int. Ed.*, **53**, 1552–1555 (2014).
[4] Asai, T., Choi, J-H., Ikka, T., Fushimi, K., Abe, N., Tanaka, H., Yamakawa, Y., Kobori, H., Kiriiwa, Y., Motohashi, R., Deo, V. P., Asakawa, T., Kan, T., Morita, A., Kawagishi, H., *Jpn. Agric. Res. Quart.*, **49**, 45–49 (2015).

(静岡大学グリーン科学技術研究所教授　河岸洋和)

第4章

天然物の全合成と医薬品開発への展開

昔は陸や海に棲む自然界の動物，植物，微生物などが生産する面白いもの（天然有機分子）をみて，これはいったい何なのだろうかという素朴な疑問から，その天然物の構造を明らかにし，さらには作ってみたいという気持ちから天然物の合成が始まったものと思われる．時が経つにつれ，次第に有機化学の分野が体形化されると，それに伴って天然物の合成研究もいっそう進展してきた．1973年にR. B. WoodwardおよびA. EschenmoserがビタミンB$_{12}$の全合成に成功して以来，「どんな複雑な天然物でも，人，金，時間をかければ全合成は可能である」とか「すでに，ほとんどの物は作れるんだから天然物の合成はもう終わった学問」といわれるほどにまでこの分野は進歩し，天然物合成の意義が繰り返し問われてきた．しかし確かな経路で天然物を合成することによって，(1) 推定されてきた構造を確証したり，時には修正したりすることもあり，最終的な天然物の構造決定にはいまだに重要な役割を担っている．

また，(2) 全合成の過程では新規有用な化学反応を開発するなどの学術的な新知見が見いだされ，これらが有機化学分野にフィードバックされることによって有機化学自体もさらに進歩してきた．進歩発展した有機化学はさらに複雑な天然物の合成を可能にしてきた．このように天然物の全合成と有機化学は互いに影響を及ぼし合って発展してきたのである．

天然物の全合成は標的天然物を合成すること自体が第一の目的であるが，これは最終目的ではなく，次の段階として，(3) 微量天然物を人工的に供給できる経路を開発するなどの重要な役割をもっており推進すべき研究分野でもある．合成によって微量な天然物の量的な供給が可能になることによって，より詳しい生物活性の検討ができるようになった．また (4) 合成途上で得られる関連化合物の構造と活性相関を研究することも可能になり，天然物よりもより活性の増強された，しかし副作用の低減された新しい医薬品や天然物よりも機能を改善した生体機能分子の創製など，多方面にわたる研究が次の段階として進められている．がんやアルツハイマー病など難病治療性疾患に対する創薬研究において天然物の合成はたいへん重要な基盤となっている．本章で紹介するエリブリン，FK506，パクリタキセル，イベルメクチンなどの全合成で示されるように，生物活性天然物の合成は単に全合成しただけにとどまらず，その機能や作用メカニズムの解明が次の重要な研究となる．そのためには合成化学力のみならず，生化学，医学，探索研究部門など学際的な研究協力が必須である．このように天然物の合成はこれが最終目的ではなく生命現象の解明にもつながる非常に奥行きの深い研究領域であり，次の科学へのまさに出発点である．

実際に医薬品が開発された近年の最も重要な一例は，次に示す乳がん治療薬の開発であろう．これは今や天然物全合成から創薬への巨大な金字塔となっている．また後に述べるように2015年ノーベル医学生理学賞を受賞した大村 智は天然物から動物薬・ヒトに優れた効力を示す医薬品の開発により，医学，生物学，薬学などに絶大な貢献をもたらした．

4.1 ハリコンドリンBから新規抗がん薬エリブリン（ハラヴェン®）の誕生

海洋生物から多くの有用な生物活性を有する天然物がみつかっている．近年の際立った代表例の一つは，1986年，平田義正，上村大輔らによって房総以南の海岸に生育するクロイソカイメンから単離されたハリコンドリンBである [1]．ハリコンドリンBはポリエーテルマクロラクトン（大環状エステルでマクロライドともよばれる）で *in vivo* で非常に強い細胞毒性を示し，後にその作用機構はチューブリンの重合を阻害して微小管の伸長を抑制することで正常な紡錘体形成をさまたげ，その結果，細胞分裂を停止させてアポトーシスによる細胞死を誘導し，腫瘍増殖抑制作用を示すことが明らかにされた．そこで抗がん薬としてきわめて有望視されたが，ハリコンドリンBのカイメンからの回収量はきわめて微量（クロイソカイメン600 kgからわずか12.5 mgしか単離できなかった）であるため，更なる生物活性を詳しく検討するための量的確保が必要であった．しかし天然資源からの必要量の確保は不可能であった．ハリコンドリンBは分子量1,110, 複雑に縮環した14個のエーテル環，22員環マクロラクトン，32個の不斉中心を含む新規な構造をもつ化合物である．1992年ハーバード大学の岸 義人（コラム7）らはハリコンドリンBの全合成に初めて成功し，上村らが提出した構造が正しかったことを確証した [2]．

この合成戦略は図4.1に示すように全体を四つの部分に分けてそれぞれを合成し，まず **1**, **2**, **3** フラグメントを順次結合した後，分子内エステル化を経て右半分のマクロラクトンを構築し，最後に左側のフラグメント **4** と連結する収束型合成であった．このような合成戦略はフラグメントごとの構造修飾や合成法の改良を独立して

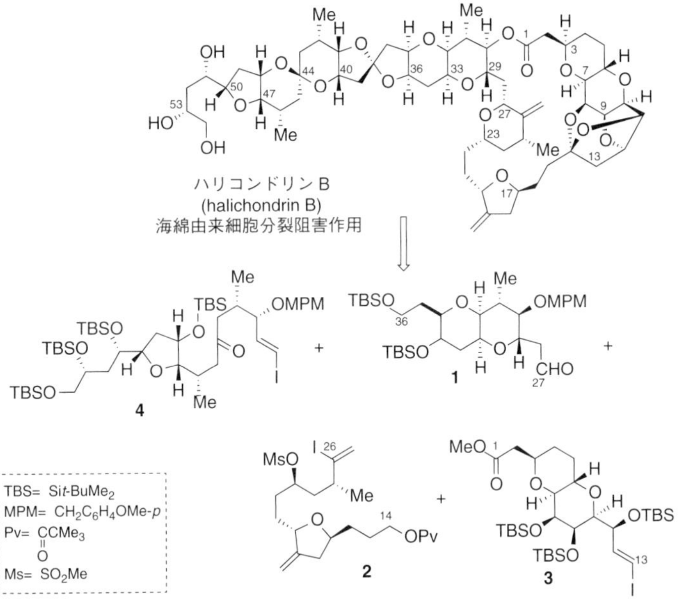

ハリコンドリンB
(halichondrin B)
海綿由来細胞分裂阻害作用

TBS= Si*t*-BuMe$_2$
MPM= CH$_2$C$_6$H$_4$OMe-*p*
Pv= C(=O)CMe$_3$
Ms= SO$_2$Me

図4.1　ハリコンドリンBの合成戦略

行うことが可能であり，薬理活性の探索と構造活性相関研究，さらにプロセス開発研究への展開も容易にする柔軟な，そして完成度の高いものであった．

非常に重要な点は，合成途上の各中間体の抗がん活性を綿密にスクリーニングしたことである．米国国立がん研究所（NCI）と岸らハーバード大学との共同研究によって，あらためてハリコンドリンBの強力な細胞増殖抑制活性が実証され，さらに抗がん作用発現に必要な構造単位は右半分**5**であることが見いだされた（図4.2）．そこで岸らと（株）エーザイの研究陣はこれをリード化合物として約200に及ぶ類似化合物を合成し探索研究を進めた結果，ついに

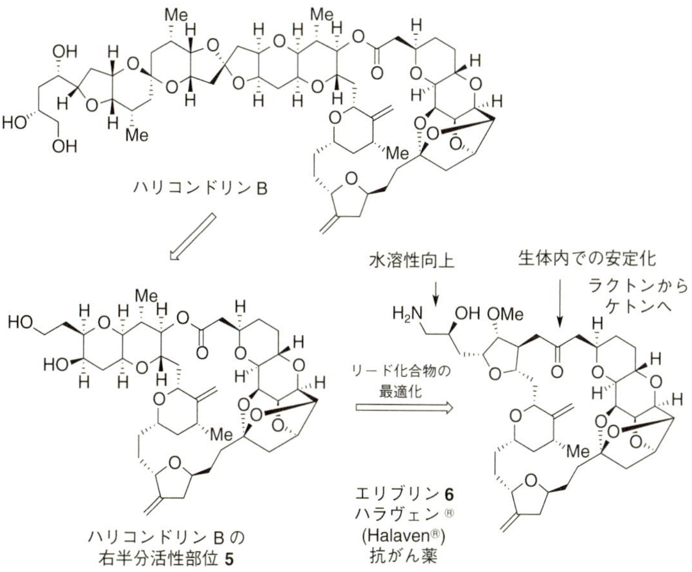

図 4.2　抗がん薬エリブリンの合成

ハリコンドリンBの構造を単純化し，抗がん薬として最適化した誘導体エリブリン**6**（eribulin，商品名ハラヴェン®（Halaven®））を開発するに至った．エリブリン**6**のメシル酸塩は2010年11月に米国食品医薬品局（FAD）から，また欧州と日本では2011年にそれぞれ乳がん治療薬として承認され，2014年4月の時点では53カ国において承認を取得するまでに至っている．

岸研究チーム・エーザイ探索ならびにプロセス研究チームの高い技術力と努力によってエリブリンを商業的に合成することが可能になった [3]．最長直線工程35工程にも及ぶ完全化学合成品（全合成収率約1%）が，年間キログラム単位で実用に供されている．今やエリブリンは“現代有機合成化学の最高傑作”とまでいわれてい

コラム7

岸 義人

岸 義人博士は，天然物化学の名門（名古屋大学理学部）平田義正教授の研究室の出身で，1966年「ウミホタルルシフェリンの構造とその全合成」で学位を取得された．ただちに平田研の助手に着任，まもなくR. B. Woodward研究室（ハーバード大学）に留学し，そこでビタミンB_{12}の全合成に従事した．帰国後，1969年に名古屋大学農学部の後藤俊夫教授の研究室の助教授に着任し，わずか2〜3年で完成させたフグ毒テトロドトキシンの全合成（1972年）は，岸博士の名を世界に知らしめた代表的な全合成の一つであろう．岸博士は，この全合成によってWoodward教授に認められ，1974年にハーバード大学に教授として迎えられた．その後，岸博士は驚異的なスピードで，サキシトキシン，マイトマイシンC，グリオトキシン，β-ラクタム，ヒストリオニコトキシン，ゲフィロトキシンなどのいわゆる多官能性天然物の全合成を次々と報告し，一躍この分野のリーダーとしての地位を獲得した．

1970年代後半には，当時ほとんど全合成不可能とされていたポリエーテル系抗生物質の合成に取り組み，“鎖状化合物での立体制御”というまったく新しい概念を導入しラサロシドAの全合成（1978年）を皮切りにモネンシン，ナラシン，サリノマイシンなどの全合成を次々と達成した．これらの研究は，鎖状立体制御の概念が，多数の不斉中心を含む複雑な有機化合物の合成に強力な手段を提供することを実証し，その後のこの分野の爆発的な発展を促した．

猛毒パリトキシン（分子量2681, 不斉炭素数64）の全合成は，その集大成ともいえるものである．岸博士は，機器分析で解明できなかった不斉炭素51個の立体配置を有機合成を駆使して決定し（1982年），さらに1994年にその全合成を達成した．パリトキシンは，生体高分子を除くと人類がこれまでに合成した最も巨大な天然物であり，この全合成は化学史上における金字塔といわれる．

岸博士は，このパリトキシン研究からさまざまな研究を展開した．そのおもなものが，野崎-檜山-岸反応（いわゆるNHK反応）の開発，鎖状化合物の立体配置を非破壊的に決定する“ユニバーサルNMRデータベース”の開発，*C*-

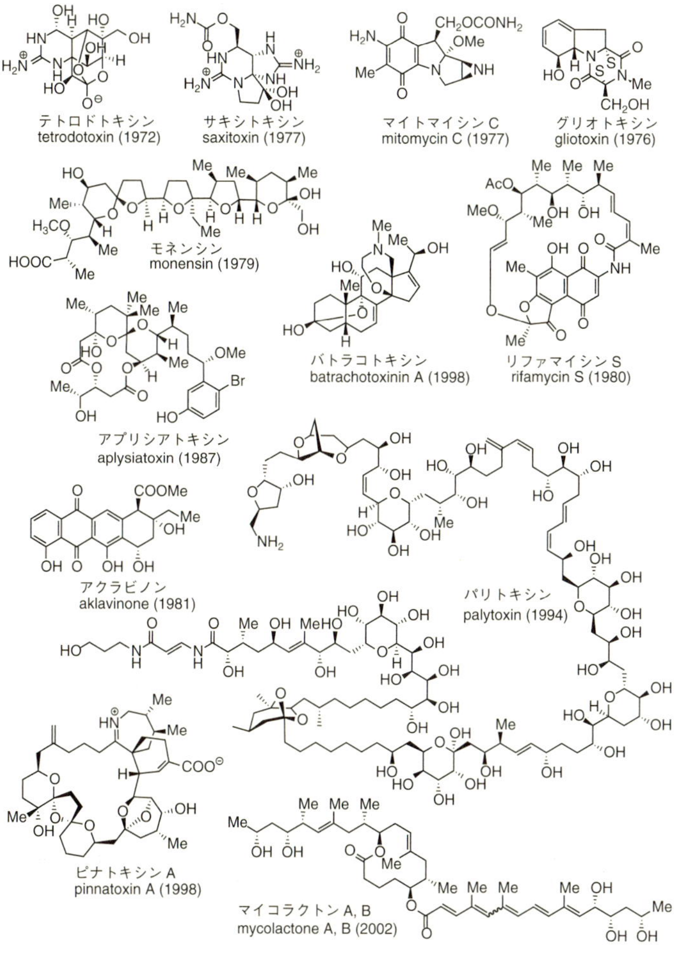

テトロドトキシン
tetrodotoxin (1972)

サキシトキシン
saxitoxin (1977)

マイトマイシン C
mitomycin C (1977)

グリオトキシン
gliotoxin (1976)

モネンシン
monensin (1979)

バトラコトキシン
batrachotoxinin A (1998)

リファマイシン S
rifamycin S (1980)

アプリシアトキシン
aplysiatoxin (1987)

パリトキシン
palytoxin (1994)

アクラビノン
aklavinone (1981)

ピナトキシン A
pinnatoxin A (1998)

マイコラクトン A, B
mycolactone A, B (2002)

図　岸博士が全合成した代表的な天然物（括弧内は全合成の報告年）

グリコシドの合成と *C*– および *O*–グリコシドの立体配座解析である．

NHK 反応の合成的有用性を示すために行った海産天然物ハリコンドリン B の全合成（1992 年）は，その後（株）エーザイとの共同研究による抗腫瘍薬エリブリン（商品名ハラヴェン）の開発（2010 年上市）につながった（本書第 4 章参照）．エリブリンは 18 個の不斉中心を含む既存の合成医薬品の常識を超えた複雑な構造をもっており，商業ベースで生産されている最も複雑な有機化合物である．“ユニバーサル NMR データベース”は，鎖状の天然物に見られる特徴的な構造を抽出し，有機合成によって可能なすべての立体異性体を合成して得た NMR スペクトルから構成されており，鎖状化合物の相対立体化学，絶対立体化学を，化学分解，誘導することなく決定できる．このデータベース

る．これはきわめて複雑な天然物も，医薬品として実現可能になるまでに有機合成化学が貢献してきたことを示す好例であるとともに，天然物化学と有機合成化学そして活性評価分野の協力がもたらした貴重な成果である［4］．

天然物一般についてもいえることであるが，エリブリン **6** のような構造と機能は，われわれの想像をはるかに超えており，現時点では決して人間の頭脳から生み出せるようなものではない．このように自然界の素晴らしい創造力を見いだし天然物由来の新しい医薬品や有用な生体機能分子を創製するためには，天然物合成がますます重要な役割と使命を担うものと思われる．

4.2　免疫抑制薬 FK506 の全合成とプローブ分子への展開

FK506（一般名タクロリムス，tacrolimus）は筑波山の土壌から採取した放線菌から単離された強い免疫抑制活性を示すマクロライド系天然物で，1987 年に構造が決定された．FK506 は今や臓器移

を利用して，分子量 3422 の巨大ポリエーテル系海産天然物マイトトキシン，ブルーリ潰瘍の原因毒素マイコラクトンなど多くの鎖状天然物の絶対立体構造を決定し，その有用性を示した．

このように，岸博士は，40 年以上にわたって世界の有機化学を牽引してきたまれにみる研究者である．どの研究（全合成）にも，その時代の有機化学の重要課題が含まれており，その先見性が光る．現在でも色褪せることはない見事なものばかりである．なお，岸博士は多くの日本人研究者を育てたことでも有名で，これらの業績に対して国内外から数多くの賞を受賞されている．

（名古屋大学大学院生命農学研究科　西川俊夫）

植になくてはならない免疫抑制薬である．最初の全合成は Merck 社の新開一朗らによって発表された [5a]．ついで 1989 年ハーバード大学の S. L. Schreiber らは図 4.3 に示す全合成を達成した．4 つのフラグメントをそれぞれ合成し，**11**–**10**–**7**–**9**–**8** の順でフラグメントを結合し最終的に N7 位と C8 位のアミド結合を構築する，いわゆる収束型合成である [5b]．

この合成法の傑出している点は各フラグメントへの切断は対称性を考慮して 2 方向伸長反応ができるような戦略をとり，大幅な反応工程の縮小をはかり，さらに入手可能な ^{13}C ラベル化合物から容易に誘導できる中間体 **8** を経て C8, C9 を標識した C8, C9–[^{13}C]–FK506 **12** も同様に合成できることであった．この方法により合成した **12** を用いて FK506 の免疫抑制作用のメカニズム解明が広範囲に進められた．その結果 T 細胞中に FK506 結合タンパク質 (FKBP) とよばれる細胞内受容体があることが判明した．Schreiber らは FK506 それ自体には薬物としての作用はないが FKBP と結合して複合体をつくることにより，初めて活性を発現することを明ら

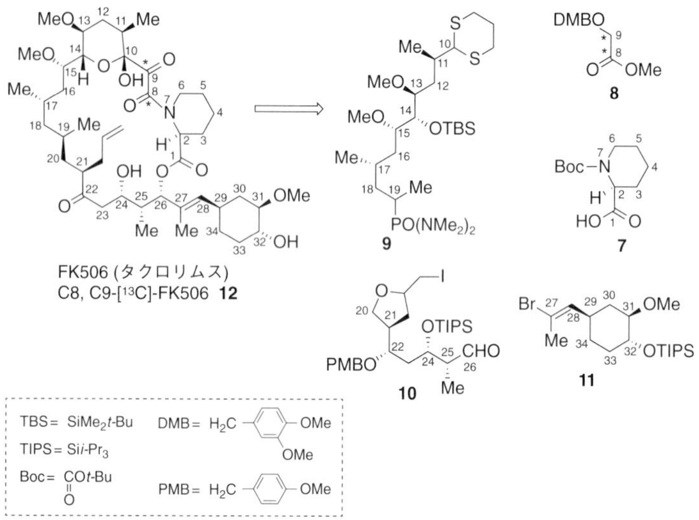

FK506 (タクロリムス)
C8, C9-[13C]-FK506　**12**

TBS = $SiMe_2t$-Bu　DMB = H_2C–(3,4-dimethoxyphenyl)
TIPS = Sii-Pr_3
Boc = COt-Bu　PMB = H_2C–(4-methoxyphenyl)

図 4.3　FK506 の合成戦略

かにした．FK506 の活性体である FK506–FKBP（FK–506 binding protein）複合体の標的分子として脱リン酸化酵素のカルシニューリンが同定され，T 細胞のシグナル伝達経路の重要な部分が解明された．

Schreiber らはこのように有機小分子がタンパク質など巨大分子のプローブ（標識化合物）となり，それらの振舞いをもコントロールしうることを実験的に証明した．Schreiber はこれら一連の研究成果に基づき，有機化学的手法と分子生物学的手法を組み合わせ，生命現象を分子レベルで理解しようとする，ケミカルバイオロジー（Chemical Biology）という新しい研究領域を提唱している．この領域においても天然物の合成力が必須な手段である．

4.3 抗がん薬パクリタキセル（タキソール®）の全合成

タキソール®（Taxol®，一般名 パクリタキセル，paclitaxel）は強力な抗がん作用を示す天然物である．この化合物は西洋イチイ（*Taxus brevifolia*）という木の皮から産出される複雑な分子であり，2つの六員環と1つの八員環をもつ炭素環化合物である．しかし天然からはわずかしか採取できないため，化学合成による供給が求められた．化学合成によって量的確保ができれば，生物活性についての詳細な研究ができ，天然物よりもより好ましい誘導体合成への開発につながる．

アメリカ保健省の大規模な抗がんプロジェクトの一つである植物成分のスクリーニング計画での追跡調査の結果，1963年に乳がんなどに対して抗腫瘍活性を示す物質が発見され，1971年にその活性物質，パクリタキセルの構造（図4.4）が決定された．その構造はきわめてユニークなものであり，たちまち有機合成化学者の興味と挑戦心をかきたてるに十分なものであった [6]．パクリタキセルは微小管のタンパク質と結合して，その重合を促進・安定化することにより紡錘体の形成や機能を阻害する．その結果，細胞分裂を停止させることになり抗腫瘍作用を示す．

早速世界を代表する有機化学者たちが合成の名乗りをあげ，世界

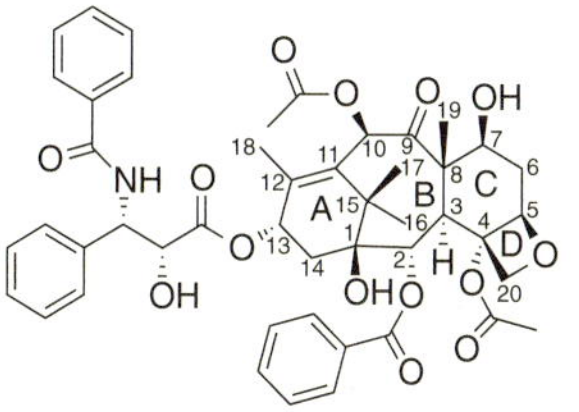

図4.4 パクリタキセル（タキソール®（Taxol®））

コラム 8

海洋産アルカロイド，パラウアミンの化学構造

パラウアミン（Palau'amine，図）は1993年パラオ産海綿から単離された強力な免疫抑制活性をもつアルカロイドであり，環状グアニジンやピロール環などの部分構造が複雑に組み合わさったきわめて特異な六環性構造をもつ［1］．スペクトル解析により当初構造式**1**が提出されたが，2007年になり，いくつかの研究グループがパラウアミン類縁体の構造研究の結果を基に，**1**が誤っている可能性を指摘した［2］．パラウアミンの構造議論はBaranらによる全合成達成により2010年終止符が打たれた［3］．全合成により確定した構造**2**は，分子内にトランスに縮環したビシクロ[3.3.0]オクタン環を含むものであった．

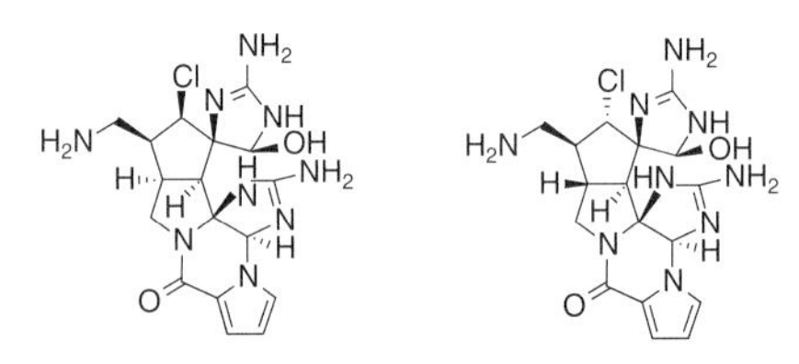

当初報告された構造式**1**　　訂正された構造式**2**

図　パラウアミンの構造

中でパクリタキセル全合成競争が始まった．激しい競争を繰り広げたスーパースターたちの間を縫って1994年にパクリタキセルの初の全合成に成功したのは，ノーマークだったフロリダ州立大学のR. A. Holtonであった（図4.5）．しかし50以上の反応段階に及ぶ全合成は実に12年を要し，キログラム単位でパクリタキセルを合成するのは不可能であった．現在でも効率的な短工程合成法は研究課題である．Holtonらは市販の天然物である（−)-パチョレンオキシド（patcholene oxide）**13**から合成した重要中間体，エポキシアルコール**14**の転位反応によって一挙に六員環と八員環の縮環体

初めの提出構造式は有機化学者にとって当然ともいえるシスに縮環したビシクロ[3.3.0]オクタン環を含むものである（**1**）．この事例は，スペクトル法が高度に発達した今日にあっても天然物の構造決定にとっての有機合成化学の必要性を改めて示したものである．なお，きわめて合成難易度の高い本アルカロイドの2例目の全合成が，2015年，日本のグループ（谷野，難波ら）により報告された [4]．

[1] Kinnel, R. B., Gehrken, H. P., Scheuer, P. J., *J. Am. Chem. Soc*., **115**, 3376–3377（1993）.
[2]（a）Grube, A., Kock, M., *Angew. Chem. Int. Ed*., **46**, 2320–2324（2007）.
（b）Kobayashi, H., Kitamura, K., Nagai, K., Nakao, Y., Fusetani, N., van Soest, R. W. M., Matsunaga, S., *Tetrahedron Lett*., **48**, 2127–2129（2007）.
（c）Buchanan, M. S., Carroll, A. R., Addepalli, R., Avery, V. M., Hooper, J. N. A., Quinn, R. J., *J. Org. Chem*., **72**, 2309–2317（2007）.
[3] Seiple, I. B., Su, S., Young, I. S., Lewis, C. A., Yamaguchi, J., Baran, P. S., *Angew. Chem. Int. Ed*., **49**, 1095–1098（2010）.
[4] Namba, K., Takeuchi, K., Kaihara, Y., Oda, M., Nakayama, A., Yoshida, M. Tanino, K., *Nat. Commun*.（2015）, doi: 10.1038/ncomms 9731

（千葉大学大学院薬学研究院教授　高山廣光）

15を得た．ついでシクロヘキサン環（C環），オキセタン環（D環）などを順次構築，最終段階で尾島ラクタム**17**によりC13位に尾部を付加して初のパクリタキセル全合成を達成した．なおC13位の尾部はドラッグデリバリーシステム（DDS）*1能をもつといわれている．これら一連の反応はエナンチオ選択的であり，(−)-パチョレンオキシドからは(+)-タキソールが(−)-ボルネオールからは

*1　ドラッグデリバリーシステム（drug delivery system: DDS）：薬物輸送システムともよばれる．体内の薬物分布を量的・空間的・時間的に制御し，コントロールする薬物伝達システムのこと．

(−)-カンファー
(−)-camphor
(−)-パチョレンオキシド **13**
(−)-patchoulene oxide
14
エポキシアルコールの転位反応
15
16
17
タキソール
(Taxol®)
(−)-ボルネオール
(−)-borneol

TBS = Si*t*-BuMe$_2$　BOM = CH$_2$OBn　Bz = C(=O)Ph
TES = SiEt$_3$　Bn = CH$_2$Ph

図 4.5　Holtonのタキソール全合成

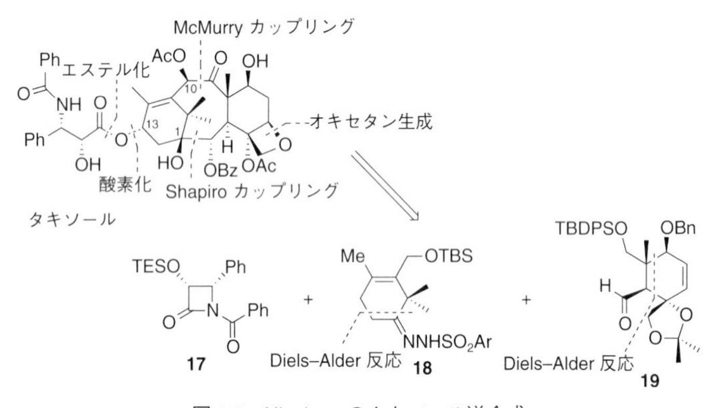

図 4.6　Nicolaouのタキソール逆合成

コラム 9

アレルギー性気管支肺真菌症の原因物質は？

アレルギー性気管支肺真菌症（ABPM）は真菌（カビ）が下気道に定着し，気管支喘息をはじめとするアレルギー反応を起こす疾患である [1]．原因となる菌種としてアスペルギルスが主であるが，それに次いで真正担子菌（キノコ）である *Schizophyllum commune*（和名スエヒロタケ）が数多く報告されている [1]．スエヒロタケは世界中で見られるキノコであり，それ自身に毒性はなく ABPM 発症機序は不明な点が多い．シゾコムニン **1** は ABPM の患者より分離された *S. commune* の培養液からごく微量単離された細胞毒性を示す新規化合物であり，ABPM 原因物質の可能性が疑われた．

筆者らは当初報告された構造 **1** の合成を検討したが，合成品の機器データは報告された天然物の機器データと異なった．幾何異性体，互変異性体などいくつかの可能性が考えられたが，機器データより新たな構造 **2** を提唱し，全合成により真のシゾコムニン構造を確認することができた．しかし化合物 **2** もそれほど強い細胞毒性を示さなかった．今後，*S. Commune* がひき起こす ABPM の発症機序の解明に向け，さらなる代謝産物の検討が必要である．

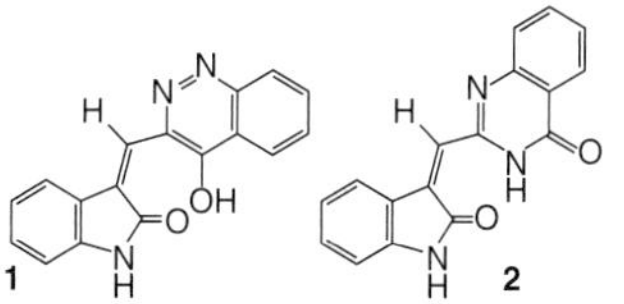

図　シゾコムニンの提唱構造 **1** と修正構造 **2**

[1] 西田篤司，亀井克彦，呼吸と循環，**62**, 769–773（2014）.
[2] Hosoe, T., Nozawa, K., Kawahara, N., Fukushima, K., Nishimura, K., Miyaji, M., Kawai, K., *Mycopathologia*, **146**, 9–12（1999）.
[3] Uehata, K., Kimura, N., Hasegawa, K., Arai, S., Nishida, M., Hosoe, T., Kawai, K., Nishida, A., *J. Nat. Prod.*, **76**, 2034–2039（2013）.

（千葉大学大学院薬学研究院教授　西田篤司）

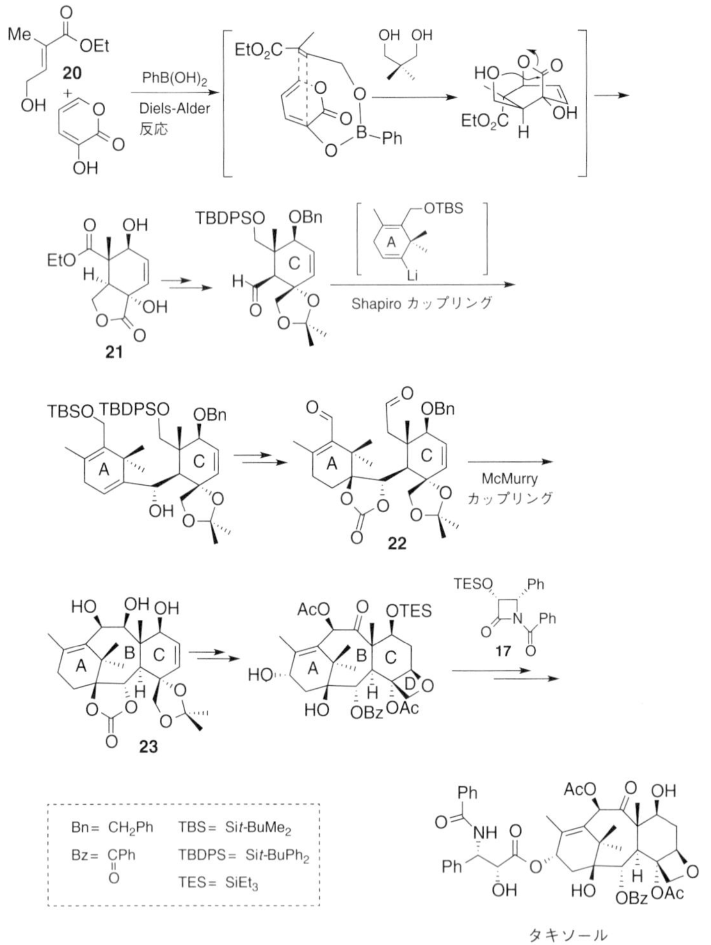

Bn = CH_2Ph　TBS = Si*t*-$BuMe_2$
Bz = C(=O)Ph　TBDPS = Si*t*-$BuPh_2$
TES = $SiEt_3$

図 4.7　Nicolaou のタキソール全合成

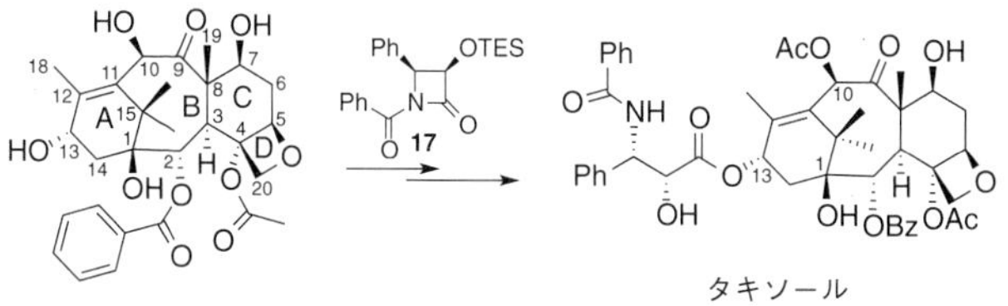

10–デアセチルバッカチン III
(10-deacetylbaccatin III)

タキソール

図 4.8 デアセチルバッカチンIIIからタキソールの合成

(−)-タキソールが得られた［6a,b］.

最後まで Holton と熾烈な先陣争いを続けたのは K. C. Nicolaou（The Scrips Research Insitute）であった．Nicolaou の逆合成と全合成をそれぞれ簡単に図 4.6 と 4.7 に示す［6c,d］．その後 S. Danishefsky, P. A. Wender らが，日本では向山光昭，桑島 功，高橋孝志などそうそうたる有機化学者が，それぞれオリジナルな全合成を達成した．

以上の例でわかるように，タキソールを全合成によって供給するには時間と経費がかかりすぎるため，ヨーロッパイチイ（*Taxus baccata*）の針葉から得られるタキソールの生合成前駆体 10–デアセチルバッカチン III からの半合成によるタキソールの合成法が開発された（図 4.8）．この方法により多量のタキソールが得られるようになった．

さらに現在最も主要な供給方法は細胞培養法である．Bristol–Meyer–Squibb 社が 2003 年に開発，実用化した持続可能性の高い手法である．

4.4　土壌菌から新規抗寄生虫薬イベルメクチンの誕生［7］

天然物化学の研究に長らくめざましい成果を上げ，画期的な医薬品の開発で人類の幸福への貢献が高く評価され，ノーベル生理学・医学賞が2015年大村 智（コラム10）に授与された．大村は天然物から線虫やマラリア原虫に対する薬を開発し，世界中で何億人もの風土病に悩む患者を助けてきた．最後に大村の天然物研究からいかに驚異的な抗寄生虫薬が生み出されたのか述べたい．

アフリカや中南米の人々を苦しめる病気の特効薬は，伊豆半島のゴルフ場近くの土壌からみつけられた放線菌（*Streptomyces avermitilis*）が産出する化合物であった．共同研究をしていた米国製薬大手Merck社ではこれをマウスに投与すると感染していた寄生虫が激減することに驚いた．この作用を発現する化学物質の分子構造は図4.9に示すマクロラクトンと決定され，エバーメクチン（または，アベルメクチン，avermectin）と命名されて1979年論文に発表された［7a,b］．この放線菌は図4.9に示すような8つの類似化合物を産出し，それらすべてが強力な抗線虫性を示すことが明らかにされた．家畜用抗寄生虫薬として，とくにウシ，ウマ，ヒツジなどの腸管に寄生する線虫類に効果的であり，発売後，動物薬としての売り上げはたちまち業界トップになった．

動物に効果があるならヒトにも効果があると推定し，Merck社と大村グループは詳細な研究を積み重ねた結果，エバーメクチンの二重結合の一つを還元するとヒトにも効果を示すことを見いだした．臨床研究を経てヒト用の抗寄生虫薬，イベルメクチン（ivermectine）**25**が開発された．イベルメクチンは患者の2割が失明するといわれる熱帯病のオンコセルカ症（河川盲目症）の特効薬として使われており，1987年から世界保健機関（WHO）へ無償提供を始

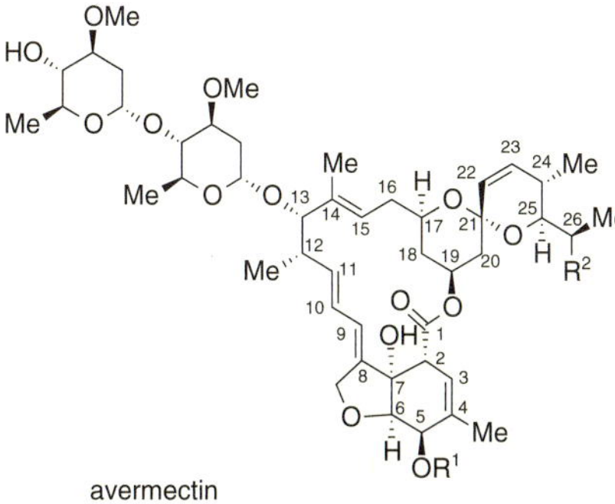

avermectin

エバーメクチン A_{1a} : R^1 = Me, R^2 = Et
エバーメクチン B_{1a} : R^1= H, R^2 = Et　**24**
エバーメクチン A_{1b} : R^1= Me, R^2 = Me
エバーメクチン B_{1b} : R^1= H, R^2 = Me

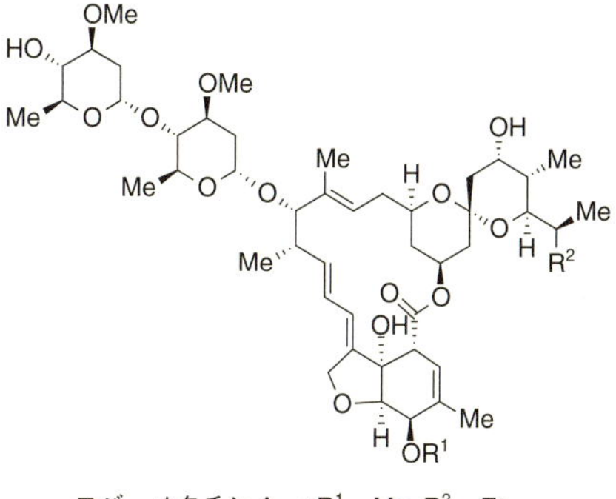

エバーメクチン A_{2a} : R^1 = Me, R^2 = Et
エバーメクチン B_{2a} : R^1 = H, R^2 = Et
エバーメクチン A_{2b} : R^1 = Me, R^2 = Me
エバーメクチン B_{2b} : R^1 = H, R^2 = Me

図 4.9　エバーメクチン（アベルメクチン）類の構造

めた．これはアフリカや中南米諸国に広がる“河川盲目症”に威力を発揮し，年間 4 万人を失明から救っている．またリンパ系フィラリア症にも，さらにわが国では沖縄県に発生する“糞線虫症”な

コラム 10

大村 智

北里大学特別栄誉教授．2015年ノーベル生理学・医学賞受賞．大村博士が主催する北里研究所創薬グループは，1965年以来，微生物の生産する有用な天然物有機化合物の探索研究を行い，これまでに類のない480種を超える新規化合物を発見している．それらの研究から得られた新規微生物および優れた抗生物質をはじめとする生理活性物質の発見とそれらの応用研究は，医薬，農薬，あるいは生化学研究用試薬などとして使われ，感染症などの予防・撲滅，創薬，生命現象の解明など人類の福祉と健康の向上に多大な貢献をしている．さらに将来に向けて微生物物質生産能力をいっそう引き出すために生産する有機化合物の生合成およびそれに関わる遺伝子の解析を展開している．この領域の研究を牽引してきた業績は世界的にきわめて高い評価を受け，関連する諸学会の最高位の各賞を受賞している．

どにも有効である．このようにしてイベルメクチンはイヌやネコだけでなく家畜などを含めた動物向け駆虫薬として，またヒトの熱帯病や疥癬の薬として世界中で使われている．

1986年S. Hanessianらは最も強い活性を示すエバーメクチン B_{1a} **24** の最初の全合成に成功した［7c］．エバーメクチン B_{1a} **24** は図4.10に示す16員環ラクトンをもつユニークな化合物である．Hanessianらの合成戦略は逆合成解析に示される3つの重要な断片，すなわち，スピロケタール部分 **26**，二環性部分 **27** と二糖ドメイン **28** に切断することであった（図4.11）．

このうち，二環性部分 **27** と二糖ドメイン **28** は天然物エバーメクチン B_{1a} の分解から得られた．一方，立体化学的に複雑な部分で

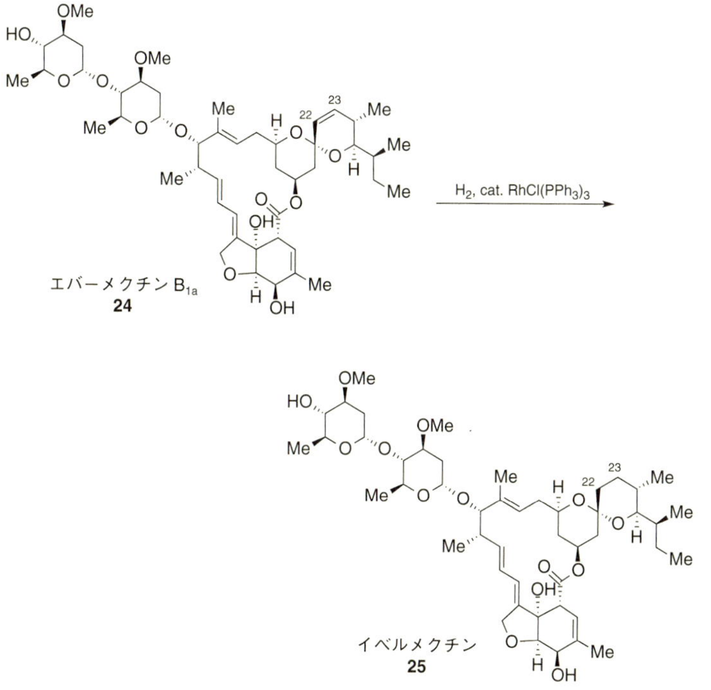

エバーメクチン B_{1a}
24

H_2, cat. $RhCl(PPh_3)_3$

イベルメクチン
25

図 4.10　イベルメクチンの構造

ある 16 員環ラクトン **36**（図 4.13 参照）はL-イソロイシンやリンゴ酸，ヒドロキシ-3-メチルコハク酸などの天然物を出発原料としたエナンチオ選択的合成によって得られた．

L-イソロイシンから得られる **29** とリンゴ酸から得られるラクトン **30** から数段階でスピロケタール **31** を得た．これを（2*S*,3*S*）-2-ヒドロキシ-3-メチルコハク酸より誘導したケトン **32** との Julia オレフィン化反応（用語解説参照）でアルケン **33** を合成し，さらにスルホン体 **34** に誘導した（図 4.12）．

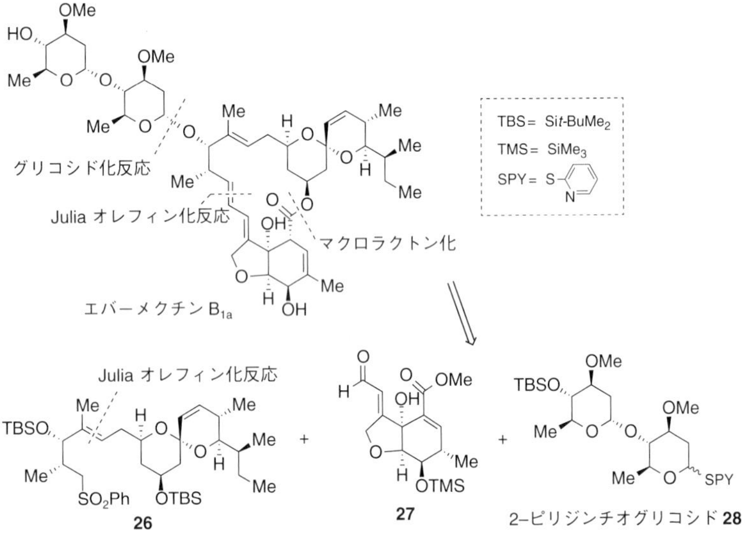

図 4.11　エバーメクチン B_{1a} の逆合成解析

用語解説

Julia オレフィン化反応

アリルフェニルスルホニル（$PhSO_2$）基とカルボニル基（またハロゲン化アリルやアリルベンゾアート（$PhCO_2$）基）を反応させると選択的に α, α′ 位でカップリングが進行し，二重結合が生成する脱離反応．二重結合は $PhSO_2$ 基とカルボニル基の炭素間にできる完全に位置選択的な反応であり，通常ナトリウムアマルガム（Na/Hg）のような還元剤を用いる．

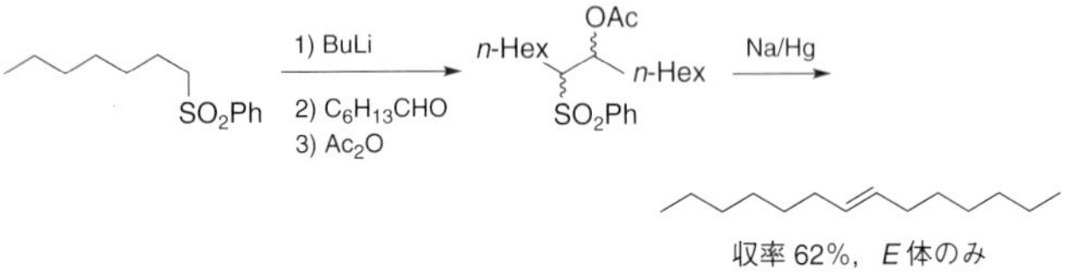

収率 62%，*E* 体のみ

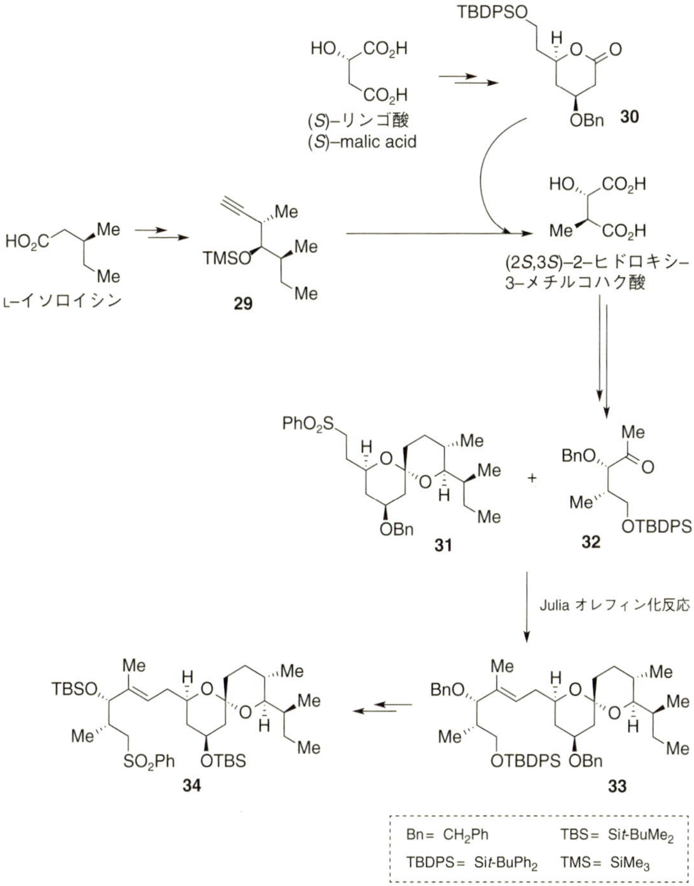

図 4.12　Hanessian のエバーメクチン B_{1a} 合成–1

次に図 4.13 に示すように，**34** と天然物由来の二環性アルデヒド **27** とを再度 Julia オレフィン化反応にかけるとジエン **35** が得られた．これを DCC/DMAP でマクロラクトン化しエバーメクチンのア

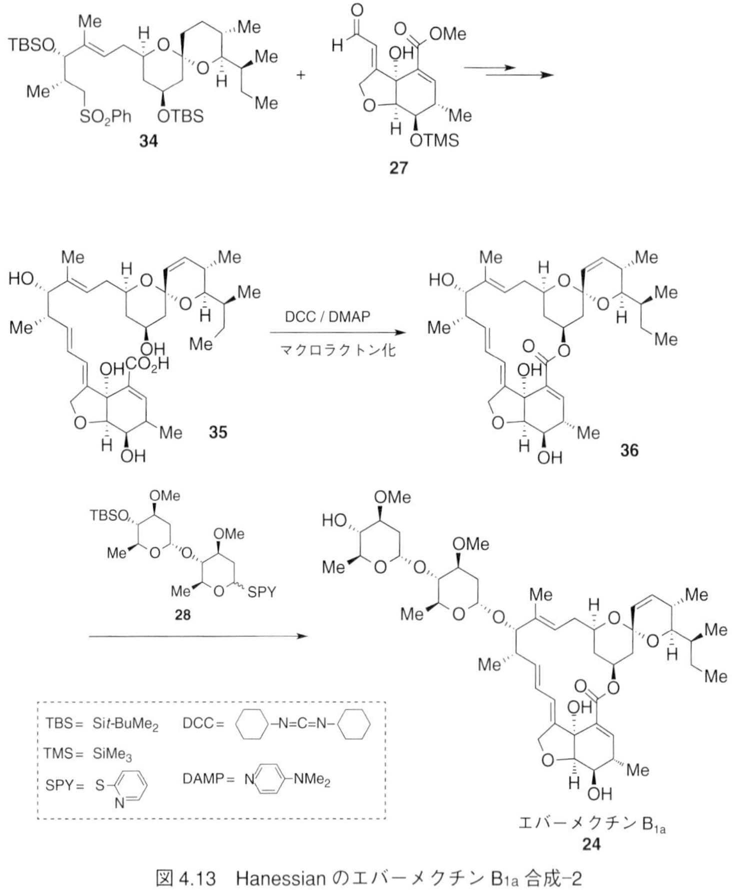

図 4.13　Hanessian のエバーメクチン B_{1a} 合成-2

グリコン **36** を得た後，これと天然物より導いた二糖ドメイン **28** のグリコシル化を行うとエバーメクチン B_{1a} の全合成が完成した [7c].

この合成過程では天然物から得られた成分（**27** や **28** など）を用いていることから，半合成（semi-synthesis）として知られている方法であるが，多くの重要な医薬品，たとえば，β-ラクタム抗生物質などはこのような半合成で多量に生産されており，有用な方法である．なお，大村 智の実録評伝に興味のある方々には [8] に挙げた本をお勧めしたい．

ハリコンドリン B，FK506，パクリタキセル，イベルメクチンの全合成で示されるように生物活性天然物の合成は単に全合成しただけにとどまらず，その機能や作用メカニズムの解明が次の重要な研究となる．そのためにはますますの合成化学力のみならず，生化学，医学，探索研究部門など学際的な研究協力が必須となる．このように天然物の合成は生命現象の解明にもつながる非常に奥行きの深い研究領域であり，これらの研究からは従来にみられない新しい医薬品の創製が期待される．

以上に 4 つの天然物の全合成を取り上げたが，ここでは詳しく解説することができなかった．さらに興味のある方は参考文献 [9a, 10] をご覧いただきたい．これからの天然物の全合成にはまだまだ解決しなくてはならない課題が山積しており発展途上の研究領域である．その達成には幾多の困難に直面することが予想されるが，しかし，だからこそ福山らの名言のように“魅力的”かつ“挑戦的”な学問分野なのである [9b]．

1990 年初頭生物活性分子，リード化合物*2，医薬品開発候補化

---

*2　リード化合物（lead compound）：リード化合物は医薬品開発において，目的とする生物活性を示す基本となる化学構造をもつ化合物で，その化学構造が，有効性，選択性，薬物動態学上の指標などを改良するための出発点として用いられるもの．最終的な医薬品を“導き出す（リードする）化合物”という意味．

合物などの効率的な合成手段としてコンビナトリアル合成法*3が導入された．コンビナトリアル合成では従来のように化合物を一つずつ合成するのではなく，膨大な数の関連化合物を同時に合成できる．さらに合成した多数の化合物（ライブラリー）の活性はハイスループットスクリーニング*4と連動することによって，いろいろなスクリーニング系で迅速に評価される．初期のコンビナトリアル合成では実際有用な活性を示すリード化合物も見いだされてきたが，発見の成功率は高くはなかった．Schreiberは三次元構造の多様性に富んだ化合物群を迅速に合成する“多様性指向型合成（divesity-oriented synthesis）”を提起し，従来のコンビナトリアル合成をさらに進展させている［11］．一方，天然物を範とした“生物指向型合成（biology-oriented synthesis）”や“機能志向型合成（function-oriented synthesis）”さらには分子構築，官能基導入戦略の革新による“超効率的合成”，構造の類似した複数の天然物群をまとめて合成するcollective total synthesisやdiverted total synthesisにも注目が集まっている．さらに近年では構造多様性と生体機能性を兼ね備えた化合物ライブラリーを現実的なコストで創製する合成化学のイノベーション（技術革新）によって一つの新しい潮流が形成されようとしており，今後の天然物合成や新薬誕生などへの展開が期待される［12］．

---

*3　コンビナトリアルケミストリー（combinatorial chemistry）：いくつかの合成ブロック（ビルディングブロック）を組み合わせることで多種多様の化合物を短時間で合成し，そのなかから目的の機能，活性などを有する化合物を効率よく探し出すテクノロジーで，医薬品の開発などを中心に盛んに利用されている．得られる化合物群はライブラリーとよばれる．

*4　ハイスループットスクリーニング（high throughput screening: HTP）：リード化合物の迅速な探索の一手段として，多数の化合物（ライブラリー，数万から数百万個）をスクリーニングロボットにより迅速に活性評価し，生理活性物質を効率的に見いだす方法．

参考文献

[1] Hirata, Y., Uemura, D., *Pure Appl. Chem.*, **58**, 701–710 (1986).

[2] Jackson, K. L., Henderson, J. A., Phillips, A. J., *Chem. Rev.*, **109**, 3044–3079 (2009).

[3] Aicher, T. D., Buszek, K. R., Fang, F. G., Forsyth, C. J., Jung, S. H., Kishi, Y., Matelich, M. C., Scola, P. M., Spero, D. M., Yoon, S. K., *J. Am. Chem. Soc.*, **114**, 3162–3164 (1992).

[4] (a) 佐藤健太郎，現代化学，**10**，15–19 (2009).
(b) 千葉博之，田上克也，有機合成化学協会誌，**69**，124–134 (2011).

[5] (a) Jones, T. K., Mills, S. G., Reamer, R. A., Askin, D., Desmond, R., Volante, R. P., Shinkai, I., *J. Am. Chem. Soc.*, **11**, 1157–1159 (1989).
(b) 中塚正志，Schreiber, S. L. 有機合成化学協会誌，**49**，748–761 (1991).

[6] (a) Holton, R. A., Somoza, C., Kim, H-B., Liang, F., Biediger, R. J., Boatman, P. D., Shindo, M., Smith, C. C., Kim, S., Nadizadeh, H., Suzuki, Y., Tao, C., Vu, P., Tang, S., Zhang, P., Murthi, K. K., Gentile, L. N., Liu, J. H., *J. Am. Chem. Soc.*, **116**, 1597–1598 (1994).
(b) Holton, R. A., Kim, H-B., Somoza, C., Liang, F., Biediger, R. J., Boatman, P. D., Shindo, M., Smith, C. C., Kim, S., Nadizadeh, H., Suzuki, Y., Tao, C., Vu, P., Tang, S., Zhang, P., Murthi, K. K., Gentile, L. N., Liu, J. H., *J. Am. Chem. Soc.*, **116**, 1599–1600 (1994).
(c) Nicolau, K. C., Yang, Z. Liu, J. J., Ueno, H., Nantermet, P. G., Guy, R. K., Claibome, C. F., Renaud, J., Couladpuros, E. A., Paulvannan, K., Soresen, E. J., *Nature*, **367**, 630–634 (1994).
(d) Nicolaou, K. C., Montagnon, T., “Molecules that Changed the World”, Wiley–VCH (2008).

[7] (a) Albert-Schonberg, G., Arison, B. H., Chabala, J. C., Douglas, A. W., Eskola, P., Fisher, M. H., Lusi, A., Mrozik, H., Smith, J. L., Tolman, R. L., *J. Am. Chem. Soc.*, **103**., 4216–4221 (1981).
(b) Springer, J. P., Arison, B. H., Hirshfield, J. M., Hoogsteen, K., *ibid.*, **103**, 4221–4224 (1981).
(c) Hanessian, S., Ugoini, A., Dube, D., Hodges, Andre C., *ibid.*, **108**, 2776–2778 (1986).

[8] 馬場錬成，『大村智，第５版』，中央公論新社 (2015).

[9] (a) たとえば：柴崎正勝，有機合成化学協会誌，**37**，45–58 (1979).
(b) 文部科学省科学研究費補助金特定領域研究，生体機能分子の創製 (2005).

[10] 日本化学会 編,『天然有機化合物の全合成』, 化学同人 (2018).
[11] (a) Schreiber, S. L., *Science*, **287**, 1964–1969 (2000).
(b) Neilson, T. E., Schreiber, S. L. *Angew. Chem. Int. Ed*., **74**, 48–56 (2007).
[12] (a) 及川雅人, 化学と工業, **58**, 377–385 (2007).
(b) 溝口玄樹, 大栗博毅, 有機合成化学協会誌, **74**, 854–865 (2016).

練習問題解答

［第１章］

問１

MeO, C, 3, N, H, H, D, 20, H, 15, H', 16, E, 18, MeO$_2$C, 17, O, OMe, 21, H, N, O, Cl, OMe, OMe, OMe, O$^-$, Cl, O, C$_{18}$

MeO, A, B, C, N^4, 3, H, H, D$_{20}$, H, 15, H, 16, E, 18, O, OMe, MeO$_2$C, 17, OMe, OMe, OMe

レセルピン（±）-**1**

問２

カルボン酸　アルコール

R–C(=O)–OH ＋ R'–OH → R–C(=O)–OR'

H_2O

R–N=C=N–R → R–NH–C(=O)–NH–R

ウレア

DCC= (cyclohexyl)–N=C=N–(cyclohexyl)

H, N, H, H, -OH, MeO, CO$_2$H, HN, **19**, OMe, DCC, pyr, H, N, H, H, -OH, MeO, O, O–H, B$^-$, R–N=C=N–R, H, N, H, H, -OH, B, MeO, O, O, HN, N–R, R, R

H, N, H, H, -O, MeO, O$^-$, O, HN, N–R, R, O, RHN, NHR

H, E, D, N, H, C, H, a, MeO, O, O, HN, **12**, OMe ≡ MeO, C, N, 3, H, H, D$_{20}$, H, 15, H, 16, E, 17, 18, O, O, OMe

問 3　合成で得られたレセルピン **1** は Diels–Alder 付加体 **4** のラセミ体から出発しているので，(±)–レセルピン，すなわちラセミ体である．

[第 2 章]

問 1　逆合成解析

Ph 1 2 OH　FGI ⟹　Ph 1 2 O **2**

1,2 結合切断–1　　1,2 結合切断–2

Ph O −　　+　　Ph + O　　−　　シントン

≡　≡　≡　≡

Ph S S　　Br　　Ph X O　　n–PrMgBr　　反応剤

合成 1

Ph H O　HS HS　H^+ →　Ph S S　BuLi (強塩基) →　[Ph − S S Li^+]　Br　→　Ph S S

$HgCl_2$ H_2O

合成 2

Ph Cl O　+　n–PrMgBr →　Ph −O Cl　→　Ph O **2**

問 2　逆合成解析

Ph OH **89**　⟹　Ph−⊖ **91**　⊕ OH **92**　シントン

≡　≡

$PhCH_2MgCl$ **93**　O　反応剤

合成

Ph Cl　Mg, Et_2O →　[Ph MgCl] **93**　O →　Ph OMgCl　H^+ →　Ph OH **89**

問 3　逆合成解析

O
FGI
H
HO
Me
Me
CO_2Me
90
CO_2Me
H
O
HO
Me
+
CO_2Me
≡
O
Me
O
Me
CO_2Me

Me
O
CO_2Me
≡
Me
O
CO_2Me
O
Me
+
≡
O
Me

合成

Me
塩基
O
H
CO_2Me
アセト酢酸メチル
Me
O
CO_2Me
1,4–付加（Michael 付加）
O
Me
塩基
H
O
Me
O
CO_2Me
塩基
H
O
Me
HO
CO_2Me
→ **90**

［第 3 章］

問 1

N
N
H
H
OH
O
H
OH−
KOH,
EtOH
イソストリキニーネ **2**

N
N
H
H
OH
O
N
N
H
H
OH
−O
N
N
H
16
H
OH
O
−

より立体障害の
少ないほうから
プロトン化

Michael 付加反応

N
N
H
H
H
O
O
H
ストリキニーネ(−)-**1**

N
N
H
H
H
O
−O
H
H+

N
N
H
H
O
H
O
−
OH

問 2

デヒドロストリキノン **5**
リレー化合物 **II**

H_2O_2, $Ba(OH)_2$

$-CO_2$
エピメリ化

Ac_2O

22
リレー化合物 **I**

問 3

52

Pd(0)
酸化的付加

挿入反応

シン-β-脱離

イソストリキニーネ **2**

索　引

【数字・欧文】

【ア行】

【カ行】

【サ行】

【タ行】

【ヤ行】

【ラ行】

〔著者紹介〕

中川昌子（なかがわ まさこ）

1960年　北海道大学大学院薬学研究科修士課程修了
現　在　千葉大学名誉教授，薬学博士
専　門　有機化学，反応と合成，創薬化学

有澤光弘（ありさわ みつひろ）

1999年　大阪大学大学院薬学研究科博士後期課程修了
現　在　大阪大学准教授，博士（薬学）
専　門　有機合成化学，創薬化学，有機金属化学

化学の要点シリーズ　26　*Essentials in Chemistry 26*

天然有機分子の構築 —全合成の魅力—

Construction of Natural Organic Molecules—Fascination of Total Synthesis

---

2018年6月30日　初版1刷発行

著　者　中川昌子・有澤光弘

編　集　日本化学会　©2018

発行者　南條光章

発行所　**共立出版株式会社**

[URL]　http://www.kyoritsu-pub.co.jp/

〒112-0006 東京都文京区小日向4-6-19　電話 03-3947-2511（代表）

振替口座　00110-2-57035

印　刷　藤原印刷

製　本　協栄製本　printed in Japan

検印廃止

NDC　434

ISBN 978-4-320-04467-8

一般社団法人
自然科学書協会
会員